本书由中国城市规划设计研究院资助出版

风雨华章路

四十年区域规划的探索

中国城市规划学会
中国城市规划设计研究院　编

中国建筑工业出版社

图书在版编目（CIP）数据

风雨华章路：四十年区域规划的探索 / 中国城市规划学会，中国城市规划设计研究院编．—北京：中国建筑工业出版社，2020.4

ISBN 978-7-112-24904-6

Ⅰ．①风…　Ⅱ．①中…　②中…　Ⅲ．①区域规划－中国－文集　Ⅳ．① TU982.2-53

中国版本图书馆 CIP 数据核字（2020）第 035348 号

责任编辑：石枫华　兰丽婷　付　娇　毋婷娴
责任校对：赵　菲

风雨华章路　四十年区域规划的探索

中国城市规划学会
中国城市规划设计研究院　编

*

中国建筑工业出版社出版、发行（北京海淀三里河路9号）
各地新华书店、建筑书店经销
北京锋尚制版有限公司制版
北京中科印刷有限公司印刷

*

开本：787毫米×960毫米　1/16　印张：18½　字数：241千字
2020年8月第一版　2020年8月第一次印刷
定价：78.00元

ISBN 978-7-112-24904-6
（35643）

历史资料

图 1 1979 年 11 月～ 1980 年 1 月，美国科罗拉多大学丹佛分校李育教授应邀在中山大学讲授《计量地理学》，同时举办由全国高校 25 人参加的计算地理学培训班

注：许学强、孙继文（右）陪李育教授（中）在广州烈士陵园

图 2 1982 年 6 ～ 8 月，美国内布拉斯加大学地理系鲁格（Deans Rugg）教授应邀为中山大学经济地理专业师生系统讲授《城市地理学》

注：从左到右：张军、李菊婴、李世玢、鲁格、许学强、袁华奇、钟逢干

图 3 1983 年 9 月 10 ～ 15 日，由中山大学地理系和香港大学城市规划与城市研究中心联合举办城市发展、规划与教育研讨会现场之一

注：讲台右边为演讲者或评论员，主要为中国香港及外籍学者。讲台左边第一排从左到右：伦永谦、杜汝俭、林克明、梁溥、许学强

图 4 1983 年 9 月 10 ~ 15 日，由中山大学地理系和香港大学城市规划与城市研究中心联合举办城市发展、规划与教育研讨会现场之二

注：第一排从左到右：伦永谦、杜汝俭；第二排从左到右：不详、陶松龄、吴良镛、陈润；第三排中，董黎明

图 5 1983 年 9 月 10 ~ 15 日，由中山大学地理系和香港大学城市规划与城市研究中心联合举办城市发展、规划与教育研讨会现场之三

注：前排从左到右：杜汝俭、林克明、宋家泰、梁溥、许学强

图 6 1985 年 11 月 11 日，在无锡由中国地理学会人文地理专业委员会召开我国首次城市地理学术讨论会，鲍觉民教授致开幕词

图 7 1985 年 11 月，无锡。中国首届城市地理学术讨论会，严重敏教授（左）、吴传钧教授（右）在会上

图 8 1993 年 12 月 14 ～ 17 日，由中山大学城市与区域研究中心与香港大学联合举办“中国经济改革与城市发展、规划与教育国际学术研讨会”，照片为全体代表合影

图 9 1996 年 12 月，中国地理学会城市地理专业委员会与香港大学地理与地质学系和加拿大不列颠哥伦比亚大学人居中心合作召开“中国乡村－城市转型与协调发展”国际学术研讨会，照片为吴良镛先生（右）与许学强先生（左）在会上

图 10 1996 年 12 月，中国城市地理学会年会，夏宗玕同志在会上

图 11 2001 年 7 月，中国城市规划学会区域规划与城市经济学委会工作会议合影

注：左起：石楠、刘仁根、吴万齐、胡序威、夏宗玕、顾文选、周一星、王丽萍

图 12 “文化大革命”后清华大学建筑系第一届本科生毕业设计：海淀镇改建规划（1983 年 6 月）

注：前排左起：魏虹（海淀区规划办公室干部）、毛其智（研究生）、陈保荣老师、朱纯华老师；后排为 78 级毕业班同学，左起：莫高鸿、朱少宣、胡宝哲、谭纵波、于学文、林少斌、梁勤

图 13 1984 年，国家计委在北京召开“京津唐地区规划纲要课题研究成果汇报会”

注：前排左起：陈鹄（1）、王守礼(4)、胡序威(6)、徐青(7)、吕克白（8）、杨树珍（12）

图 14 1992 年，“扬州市区域综合—城镇体系发展战略论证会”

注：左起：张启成、胡序威、赵士修、邹德慈、张文俊、托罗纳（德国区域规划专家）、严重敏、沈道齐、崔功豪（右 2）、董黎明（右 1）

图 15 1996 年，国家自然科学基金重点资助项目“沿海城镇密集地区空间集聚与扩散研究课题”北京交流会

注：前排左起：李王鸣、沈道齐、马裕祥、朱剑如、崔功豪、胡序威、杨汝万、陈振光、蔡建明、闫小培、张勤、顾朝林，后排左起：周一星(1)、宁越敏(3)、马清裕（4）、郑宏毅（5）、叶舜赞（6）

图 16 区域规划和城市经济学委会
2001 年（北京）年会

图 17 区域规划和城市经济学委会
2005 年哈尔滨年会

图 18 区域规划和城市经济学委会
2005 年哈尔滨年会

注：左起：俞滨洋、陈锋、周一星、胡序威、张勤

图 19 区域规划和城市经济学委会 2009 年北京年会

图 20 区域规划和城市经济学委会 2011 年昆明年会

图 21 区域规划和城市经济学委会 2012 年南京年会

图 22 区域规划和城市经济学委会 2015 年北京年会

图 23 区域规划和城市经济学委会 2016 年杭州富阳年会

图 24 区域规划和城市经济学委会 2016 年杭州富阳年会考察

图 25 区域规划和城市经济学委会
2018 年深圳年会

图 26 区域规划和城市经济学委会
2019 年北京年会

图 27 区域规划和城市经济学委会
2019 年南京研讨会

图 28 2019 年 1 月 6 日参加年会的朋友参观深圳改革开放展览馆

注：左起：曲长虹、凌嘉勤、姚士谋、崔功豪、胡序威、周一星、顾文选、王凯

图 29 2019 年 1 月 6 日参加年会的朋友考察深圳湾合影

撰稿人

胡序威

赵士修

邹德慈

崔功豪

叶舜赞

董黎明

徐国弟

许学强

姚士谋

周一星

魏清泉

顾文选

张文奇

刘仁根

昝龙亮

毛其智

房庆方

肖金成

李晓江

顾朝林

张勤

俞滨洋

王凯

向历史学习

——《风雨华章路——四十年区域规划的探索》序

向历史学习，是一种基本研究方法，也是一条作研究的捷径。从历史的发展中审视当下，会让我们摆脱纷繁的现象，更清晰地把握事情的本质。站在前人的肩膀上，能够更好地看清路途的坎坷和前进的方向。任何一个严谨的科学家和规划工作者，必然接受过这样的教育，具备尊重历史的基本素质。任何一门学科，更是基于前人不断累积的知识基础而形成的体系。

中国城市规划学会区域规划与城市经济学术委员会2018年年会以“历久弥新，不懈探索——区域规划40年的理论与实践”为主题，120多位新老委员参加，会议邀请委员们就各自的亲身经历，撰写回忆文章，于是有了今天这本《风雨华章路——四十年区域规划的探索》。中国城市规划设计研究院对于本书的编辑出版提供了人力物力的大力支持，中国建筑工业出版社为本书的问世提供了很多便利。我代表中国城市规划学会对此表示诚挚的谢意。

学会这些年一直致力于推动对城乡规划学科发展历史的回顾与总结。1999年，由商务印书馆出版了《五十年回眸——新中国的城市规划》，开辟了规划领域由专家撰写回忆文章、总结历史经验教训的先河，2006年由中国建筑工业出版社出版的《规划50年》、2017年出版的《听大师讲规划》，可以视作这项工作的延续。2018年，由中国科学技术出版社出版了《中国城乡规划学学科史》，系统梳理了城乡规划学在我国孕育、诞生和成长的历程，是规划界第一本系统研究城乡规划学学科史的著作。在这前后20年时间里，中国城市规划设计研究院、东南大学、同济大学、南京大学等机构先后组织了有关新中国规划历史的研究，出版了专著。学会还于2009年12月在东南大学举办了第一次“城市规划历史与理论高级研讨会”，随后每年举办一次，形成惯例，并于2011年成立了中国城市规划学会城市规划历史与理论学术委员会，集聚了一批有志于城市规划历史研究的专家学者，成为规划界颇有影响力的学术平台。

回顾这一段历史可以看出，向历史学习，在规划界已经成为一种风尚，成为一种孜孜以求的科学研究精神。本书的出版，可以填补我国区域规划史领域的一个空白，为今天和未来的学者提供难得的向历史学习的渠道。本书的20位作者中有学富五车的专家学者，有我敬重的前辈和老师，也有与我同龄的同行，他们亲历了不同时期的区域规划工作，他们的第一手材料，无疑是十分宝贵的历史文献，从中读者可以深切地感受到，他们的专业人生，与祖国的区域规划事业发展高度吻合，这是让人十分感触的事情。

中华人民共和国最早的区域规划实践出现在20世纪50年代。1956年5月8日，国务院在颁布的《关于加强新工业区和新工业城市建设工作几个问题的决定》中专门提出，“要搞区域规划”。当时开展了广东茂名、甘肃兰州、湖南长株潭等以大工业项目选址为主的工业区规划，涉及更大范围的若干重点城市和156项重点项目进行的工厂选址和建设。这些区域规划实践对建立我国的工业体系，改变生产力布局状况，起到了关键的积极作用。

到20世纪70～80年代，区域规划工作迎来第二个高潮，1981年4月，中共中央书记处第97次会议提出，“要搞好我国国土整治工作”，国家建委于当年11月成立国土局，1985年国家计委专门成立全国国土规划办公室，全国陆续开展了一些国土规划名义的区域规划工作，如三峡库区移民迁建规划，长三角经济区规划，河南豫西、湖北宜昌、吉林松花湖等地的国土规划试点，以及京津唐地区国土规划等，还组织编制了《全国国土总体规划纲要》，并于1987年公布，确定了“沿海地带和横跨东西的长江、黄河沿岸地带为主轴，以其他交通干线为二级轴线的我国国土开发与生产力布局的总体框架，确定未来综合开发的9个重点地区”。这一时期的实践虽然名称上百花齐放，但是聚焦区域协调发展、统筹各种区域要素布局的总体思路一以贯之。

1980年代以来，伴随着城市规划工作的恢复，为了解决上位规划缺位、城市性质和规模难以确定的问题，城市规划行业普遍开展了城镇体系规划的工作，并且被写进法律获得法定地位。从城镇体系规划的诞生、普及和繁荣，到一大批都市圈、城镇群规划的问世，可以说是中华人民共和国最大规模也最有成效的区域规划实践。特别是原本“作为国土规划‘子规划’之一的城镇体系规划，在全国、省区、县市等多个尺度得以全面开展，成为上级政府进行区域发展有限协调的重要工具……虽无区域规划之名，但却有区域规划内容之实”。“以城镇体系发展为主体，同时注重区域经济社会发展战略研究，并与相关要素进行空间综合协调，追求区域可持续发展的综合性空间规划，事实上已经替代了被忽略或已衰退的区域规划、国土规划”。

进入1990年代，全国大部分地区普遍开展了新一轮国土规划，其目的在于制定一定区域的“国土开发整治方案”，1998年，国土规划成为新成立的国土资源部的重要职责之一，在天津、深圳、辽宁等地开展了国土规划编制试点，以及广东全省的国土规划工作，基于这些实践中形成的理念，国土部与国家发改委共同牵头组织编制了《全国国土规划纲要（2016～2030年）》。这一轮的规划强调了空间战略的性质，并且“将城乡统筹、区域统筹以及均衡发展作为规划的重要内容”，为区域规划提供了极好的实践机会，并且丰富了区域协调发展的内容。

21世纪以来，发改委系统主导的“主体功能区规划”，可以看作区域规划在新历史阶段的积极探索。主体功能区规划基于“不同区域的资源环境承载能力、现有开发密度和发展潜力，统筹谋划未来人口分布、经济布局、国土利用和城镇化格局，将国土空间划分为优化开发、重点开发、限制开发和禁止开发四类，确定主体功能定位，明确开发方向，控制开发强度，规范开发秩序，完善开发政策，逐步形成人口、经济、资源环境相协调的空间开发格局”。主体功能区随后被上升到战略，被生态文明总体方案确定为基础性制度，并且被地理学家誉为“地理学学科走向成熟的标志”“充分理解和适应中国国情的一种空间治理方式”。

特别是“十一五”以后，发改委系统在推进区域规划方面进行了大量工作，2007 年出台了《西部大开发“十一五”规划》和《东北地区振兴规划》，2008 年，长株潭城市群区域规划、武汉城市圈总体规划、成渝经济区规划等三个区域规划相继获得国务院的批复，特别是 2008 年国际金融危机以来，国家发改委编制和审批的经济区规划基本覆盖了国家主要的城市化地区。截至 2017 年 3 月，共有近百项区域规划及相关政策文件上升为国家战略，包括长三角等城市群规划、武陵山片区等区域发展与扶贫攻坚规划、关中—天水等经济区发展规划、上海浦东等新区规划、广东自由贸易试验区等自贸区总体方案。

至此，发改部门推动的主体功能区规划和各类政策区的规划，国土部门推动的各级国土规划，以及建设部门推动的城镇体系规划等，形成了区域规划“群雄并起”的局面。可以说，规划在空间领域的交叉重叠，主要体现在区域规划层面。为了结束这种空间领域“规划打架”的局面，在不同部门主导的大量市县层面，以及后来在省级层面规划试点的基础上，“多规合一”的体制调整水到渠成。

2013 年 11 月，中共中央《关于全面深化改革若干重大问题的决定》中明确提出，“建立空间规划体系，划定生产、生活、生态空间开发管制界限，落实用途管制”。2014 年 3 月，中共中央、国务院发布的《国家新型城镇化规划》中要求，推动有条件地区的经济社会发展总体规划、城市规划、土地利用规划等“多规合一”。2018 年 3 月，新组建的自然资源部成为“多规合一”后的空间规划主管部门。从这个意义上说，国土空间规划体系的建立，是我国区域规划领域的一次重大转变，无论是此前进行的市县层面和省级层面的“多规合一”探索，还是新构建的五级三类国土空间规划体系，都将有助于更好地发挥区域层面的规划统筹作用。当然，发改系统主导的国民经济社会发展规划，以及面广量大的政策性区域的区域性规划，更是区域规划的重要阵地。

中华人民共和国几十年的区域规划实践表明，区域规划作为一门基于区域地理环境分析、重点研究区域空间格局和发展管制的学问，已经发生了巨大变化，无论是早期依附于计划的工业区规划，对城市规划产生了积极提升作用的城镇体系规划，还是基于资源环境承载力、以地理空间区划为特征的主体功能区规划，以及中间穿插延绵不断的国土规划，虽然规划的名称不断变化，法定地位各不相同，但是，作为支撑实践的区域规划理论始终在不断发展与完善之中。另一方面，“区域规划”客观上并不是一个法定的规划名称，讲到区域规划，更多是学理层面的术语，或从行政角度的工作任务，作为一种技术手段或政策工具，在不同的时期为不同部门采用，是相当自然的现象，也由此可能导致部门职能交叉，甚至区域规划缺少明确的政府主管部门的问题。然而，这些并不妨碍甚至有助于区域规划基础理论的深化和理论体系的丰富，技术分析方法和信息管理系统的不断创新与提升，学科的属性从单一的地理研究，转向突出了公共政策属性。如果说传统的地理学以地理空间现象分析和描述为核心，我国几十年的区域规划实践，则超越了对地理环境研究的范畴，以区域发展预测和区域要素布局为担当，以城市为核心，统筹一定区域范围内生产、生活、生态三位一体的人居环境体系规划和建设，更多地将区域研究的视角转向民生领域，区域规划已经成为地理学、城乡规划学和公共管理学的交叉学术领域，综合性、战略性、科学性始终是区域规划的核心。

其实，我们还可以追溯到更久一些的历史。在民国时期，就有了1946年开始编制的《大上海都市计划》和1947年编制完成的《武汉区域规划》（据考证这是中国近代历史上第一个以“区域规划”命名的规划实践），他们与国际上战后的区域规划实践遥相呼应。而孙中山成稿于1920年代的《建国方略》，其中的区域规划思想以及他对我国国土空间的战略构想，至今仍然具有一定的借鉴意义。再往前追溯，中国古代虽然没有区域规划的名称，但区域规划的理念非常悠久，而且最关键的是，这种区域思路不只是停留在空间格局描述和地域景观感怀的层面，而是具体落实到国家治理体系中。从《禹贡》《管子》等早期文献中处于萌芽状态的区域思维，到《周礼》中以“治地”为基础的“设官分职”和“辨方正位”“体国经野”的思想方法，已经可以看出区域空间规划与技术方法的内在关系雏形。由此可见，基于科学性内核的区域规划，在古代和近代中国，始终镶嵌于国家治理体系之中，区域规划与区域治理一直是我国发展历程中的一条重要脉络。

这当中值得一提的是我的老师，已故的南京大学教授宋家泰先生，宋先生当年提出了著名的“城市－区域”理论，将区域规划与城市规划巧妙地嫁接在一起，他提出“制定城镇体系规划布局和科学合理地划分城市经济区，具有极其重要的理论和实践意义”，并最终总结出了城镇体系规划“三结构、一网络”的理论。正是由于宋先生的学术地位和人格魅力，在1980年6月成立城市规划学术委员会区域规划与城市经济学组（学会区域规划与城市经济学术委员会的前身）时，他被一致推举为学组的组长，副组长包括胡序威、郑志霄等，成员则涵盖了吴万齐、赵瑾、谢文惠等若干地理界、经济界和城市规划界的成员。

不少地理背景的规划学家在回忆20世纪70～80年代的历史时，对当时的国家政策充满感激之情，政策引导为地理学这门古老的科学焕发青春提供了极好的实践契机，他们也叹服于时任国家城建总局领导的曹洪涛同志（也是中国城市规划学会时任领导）的政策水平和专业包容。所有这些对于作者和规划行业而言，都是值得回忆和珍惜的历史记忆。

回顾历史，我们应该清醒地认识到，区域规划不仅是一项工作或政府职能，它还是“指导特定区域发展和制定相关政策的重要依据”，更是一个科学问题。中华人民共和国第一个科技规划《1956 ~ 1967年科学技术发展远景规划纲要》中，就明确提出了区域规划作为科技发展的重点项目，其中的第30项为“区域规划、城市建设和建筑创作问题的综合研究”。经过这几十年的发展，当区域规划再次上升为国家治理体系的组成部分时，面对多种挑战、多元约束、多重目标并存，从压缩的城镇化，到全球化与多极化，到信息化带来的扁平世界，区域规划工作比以往任何时候更要讲科学，更要遵循规律，更要强调其综合性。正如区域规划与城市经济学术委员会前主任委员，也是学会分管区域规划学术领域的樊杰副理事长所说的，“科学性始终被认为是国土空间规划合理性的根本保障，法制化是国土空间规划的必备条件和实施环境”。

我们正处于一个伟大的时代，区域规划迎来了新的春天，无论是依据行政区划梳理的全国层面、省级、市级国土空间规划工作，还有各级国民经济社会发展规划以及各类政策性区域的规划等，通过空间规划，统筹区域协调发展，变得无比重要。向历史学习，避免历史上犯过的错误和走过的弯路，让我们更具有独立思考的能力，是担负起这个时代的伟大事业不可或缺的。

希望本书的出版有助于大家更全面地了解我国区域规划工作的历史，也能够为提高规划的科学性起到积极推动作用，并且能让我们体会到，向历史学习的重要性，更好地传承科学精神。

石楠
中国城市规划学会秘书长

主要参考文献

[1] 中国城市规划学会. 中国城市规划学学科史 [M]. 北京：中国科学技术出版社，2018.

[2] 武廷海. 中国现代区域规划 [M]. 北京：清华大学出版社，2006.

[3] 王凯. 国家空间规划论 [M]. 北京：中国建筑工业出版社，2010.

[4] 樊杰. 地域功能-结构的空间组织途径——对国土空间规划实施主体功能区战略的讨论 [J]. 地理研究，2019，38（10）.

[5] 吴启焰，何挺. 国土规划、空间规划和土地利用规划的概念及功能分析 [J]. 中国土地，2018（4）.

[6] 李爱民. "十一五"以来我国区域规划的发展与评价 [J]. 中国软科学，2019（4）.

前言

我国改革开放已进行40多年。四十年栉风沐雨，四十年砥砺前行，中国的现代化建设和规划事业，取得了举世公认的辉煌成就。在这40年的历程中，一大批专家和学者，亲身经历、全身投入城乡和区域规划的教学研究、行政管理和规划编制工作，与行业休戚与共，荣辱相依，为行业发展奉献了人生最美好的芳华。

为纪念改革开放40周年，中国城市规划设计研究院荣幸邀请到20多位在规划行业有影响的专家和学者，回忆并撰写纪念文章。他们以饱满的热情和对行业的挚爱，积极回应了这项有意义的工作。这些文章，有对行政管理、学术研究、学科建设、规划编制工作的体会，有参与重要决策、参加国内外学术交流、访问考察重大事件的回忆，有成长、求学、工作、退休丰富人生经历的思考，也有对城乡规划事业寄语后学、鼓励晚辈的希望和感悟。

衷心感谢这些笔耕不辍的专家。一些专家已退休多年、年事已高，但全都充满感情地撰写了回忆文章。一些专家仍工作奋战在“一线”岗位，但不顾工作繁忙、夙兴夜寐，牺牲休息时间如期交出了“答卷”。对他们的无私奉献和对这项工作的支持，表示深深的敬意。

“欲知大道，必先为史”，只有“继往”，才能“开来”。他们跌宕起伏的人生经历，是观察我国区域规划历史的“晴雨表”；他们对规划事业的矢志不渝，是激励新时代规划人不忘初心的宝贵财富；他们与规划事业一起经历的峥嵘岁月，是教育新时代规划人奋勇前行的不竭动力。

目 录

对如何理顺空间规划的历史回顾

胡序威

作者简介

1928年3月出生于浙江上虞。1951年中国人民大学计划系提前毕业，转入该校经济地理教研室任教员。1954年进入中国科学院地理研究所工作后，曾任研究员、博士生导师、经济地理部主任、中科院区域开发前期研究专家委员会副主任等职。长期从事区域经济地理与区域开发、国土与区域规划、城镇化与城市地区研究。曾获国家科技进步一等奖一项、民政部科技进步一等奖一项、中科院科技进步二等奖二项。曾担任建设部城市规划顾问和专家委员会委员、中国城市规划学会副理事长兼区域规划与城市经济专业委员会主任、中国区域科学协会副会长等职。2006年获中国城市规划学会“突出贡献奖”，2009年获中国地理学会“科学成就奖”。

我自20世纪50年代末开始接触区域规划，70年代末开始参与城市规划，80年代一度从事国土规划研究以来，如何理顺我国的空间规划体系，一直是我的重要关注点。

我国在过去的计划经济体制下，主管国民经济发展的综合部门国家计委，一直很重视发展规划，不太重视空间规划。主管建设的综合部门国家建委，比较重视空间规划，因为其所主管的各项建设都得落实到具体的地域空间。所以早期的城市规划、区域规划均由国家建委领导。但国家建委曾几度经历建立而又撤销的波折。经20世纪50年代三年困难期城市规划恢复正常工作后，曾改由非综合管理部门建筑工程部和后来的建设部领导。改革开放初期，一度由国家建委开拓的国土规划与区域规划工作，随两委的合并而转到国家计委。在时任领导的主持下，全国性国土总体规划纲要和地区性国土规划（区域规划）一度搞得很有声势。城市规划司曾一度归建设部和国家计委双重领导，主管土地利用规划的国家土地管理局也由原农业部代管改由国家计委代管，这样就有利于对各类不同层次的综合性地域空间规划进行上下左右的综合协调。资源开发利用、产业布局、基础设施建设、生态建设、环境治理与保护等需落实到具体地域空间的各项规划也均需与上述不同地域层次的综合性空间规划相互协调。只可惜后来在国家计委编制上报的《全国国土总体规划纲要》长期未获国务院审批的情况下，国土与区域规划开始逐步淡化，直至停滞。国家计委的原国土局改名为国土地区司，且将其工作重点转向地区经济发展规划。城市规划司也完全回到建设部，不再受国家计委的双重领导。国家对各类地域空间规划的统筹管理有所松动。

为此，我在1998年写了一篇“强化地域空间规划和管理”的书面建议。首先以大量事实揭示了我国在现阶段大量存在的开发无序、空间失控的如下种种乱象：“地区间、城市间不顾市场容量和各自的具体条件，相互攀比，重复建设，此类现象屡见不鲜。某些由地方自筹资金建设的机场、港口、快速道路等重要基础设施，缺乏对客货流的具体分析与科学论证，较少考虑跨行政区的联合开发共同使用，建成后其利用效率很低。由各级政府决策兴办的各种类型的开发区过多且泛滥，分散建设严重影响投资效益。不少城市把开发建设的摊子铺得很大，城乡接合部的开发建设布局杂乱。乡镇企业的布点过于分散，不利于规范经营和三废治理，不利于基础设施的集中建设和小城镇的合理发展。不少新发展起来的小城镇建设在公路干线两侧，长蛇形铺开，使过境通道成为市镇内长街，不仅妨碍过境干线的畅通，而且影响城镇本身的合理布局。农村盖房占地面积过大，有些较富的村镇已盖起不少漂亮的住宅民房，但其周围垃圾遍地、污水横流、道路狭窄泥泞，形成强烈反差。一些丘陵山区的狭小平地，被城乡居民点、工业企业以及水库、交通等基础设施所占用，基本农田被迫向山坡地转移。北方地区和沿海城市缺水问题日趋严重，却仍在发展一些大量耗用淡水资源的产业。长江三角洲、珠江三角洲等人口稠密的水网地区，相互污染水源问题十分突出，方圆数百里范围内几乎很难找到不受污染的水源。分别由农业、林业、水利、环保、旅游、文化、土地、城建等业务部门划定的基本农田保护区、林区、自然生态保护区、水土保持区、蓄洪滞洪区、环境整治区、风景旅游区、古文化保护区、土地利用功能分区、城市用地规划区等等，凡未经国家权威机构综合协调的互不认账，难以得到社会的公认和法律的保护”。

针对上述问题，我提出迅速恢复和加强国土规划与区域规划工作，健全地域空间规划管理体系，将地域空间规划的系统管理纳入法制轨道等建议。同时我建议成立国土建设委员会。将当时属国家计委的国土地区司一分为二：有关编制地区发展规划和组织区域间联合与协作的职能留在计委，有关国土与区域空间规划的管理职能转移到建委。国土、环保、城乡建设、土地管理、地质、测绘等部门均由国土建设委员会归口管理，其他各部门涉及空间布局部分也均由国土建设委员会负责空间综合协调。

建议书写成后，如何能使中央领导看到这份建议，就成为我考虑的主要问题。1998 年 6 月 11 日，我给原国家计委副主任、时任国务院政策研究室主任桂世镛写了如下一信：“我是中国科学院地理所的研究员，长期从事国土规划与区域规划研究工作。几年前曾在郑州国土规划工作会议期间与你相识。鉴于我国长期以来只重视发展规划，不重视空间规划，国土开发和建设布局中的空间无序和失控现象相当严重。国家计委已长期不抓国土规划，国家土地管理局想以土地利用总体规划来代替国土规划的作用，要求城市规划和各项建设的规划布局均服从于土地利用规划，致使建设部门与土地管理部门之间矛盾很大。……所以我起草了一份打算给中央领导的‘关于强化地域空间规划与管理的建议’，先寄给您看一下，以求指正。并望在可能条件下转呈国家领导人。”

我还设法通过各种途径，向有关方面提出此项建议。后来，我将《强化地域空间规划和管理》一文略作删改后，直接寄送《人民日报》社，发表于由《人民日报》总编室主办的《内部参阅》1998年第30期，后被收入我的《区域与城市研究（增补本）》2008年版。

1998年进行国务院机构改革，国家计划委员会改为国家发展计划委员会（后进一步改名为国家发展与改革委员会）。在原地质矿产部和土地管理局合并的基础上成立了国土资源部。原由国家计委负责的国土规划职能划归国土资源部管理。这是由于把国土只看成是资源，或简单地将国土等同于土地所产生的后果。我们一直主张，国土是指国家主权管辖范围的地域空间，包括陆域、海域的地表、地下和近地空域，既是资源，也是环境。全国国土规划是指国家管辖的地域空间规划系列的顶层，其下包含区域规划、城乡规划和土地利用规划。国土的开发、利用、治理和保护，经济、社会、文化、生态等各项建设的空间合理布局，需经过不同地域层次的空间综合协调才能最终落实到具体的土地，所以不能本末倒置，将土地利用规划替代国土规划。

随着我国的经济体制由计划经济向社会主义市场经济的转型，政府对发展规划的管理已只具软型的指导性，而对空间规划的管理仍具硬型的约束性。在城镇化的推动下，许多城市都想扩大发展空间。但要把农业用地转变为城市建设用地，必须有经国家认可并经上级政府批准的各类空间规划作依据。所以建设部组织推动的城市规划，以及具有区域规划性质的市域规划、城镇体系规划、城市群规划、都市圈规划等等，工作曾开展得如火如荼。早在1989年，全国人大常委会就已通过《城市规划法》。进入新世纪后，建设部积极争取将《城市规划法》改为《城乡规划法》，欲使其含有区域规划的内容。但由于其他部门的反对，使2007年最终通过的《城乡规划法》有关乡村规划的内容，只限于乡村居民点建设方面。

国土资源部原先只抓土地利用规划。因早在1986年就已有全国人大常委会通过的《土地管理法》，其后经多次修改，于2004年又通过了新的《土地管理法》，使土地利用规划有坚实的法定依据。但后来感到只从保护耕地的角度来控制建设用地的扩展有些不切实际。而且国务院已将国土规划职能划给国土资源部，必须把这项工作抓起来。然而，国土资源部并非综合管理部门，抓综合性很强的国土规划确有一定困难。因为深圳市、天津市的规划和国土管理职能正好都合并在一个局，所以他们先从这两个市开始进行地区性国土规划的试点，我也先后被聘为深圳市和天津市国土规划试点的顾问。其后，国土部又将广东省和辽宁省先后作为省域国土规划的试点，我也是广东省国土规划试点的顾问。我曾把在深圳市国土规划试点工作会议上的发言内容，改写成论文《国土规划的性质及其新时期特点》，发表于《经济地理》2002年第6期。市域、省域的国土规划，明显具有区域规划性质。

一直由国家计委负责编制的国民经济与社会发展五年计划，从第十一个五年开始将五年计划改称为五年规划。2003年，时任国家发展与改革委员会主任的马凯在《中国经济导报》（2003-10-21）发表了《用新的发展观编制“十一五”规划》，将国民经济和社会发展规划定格为对空间规划具有约束功能的总体规划。同时正式打出“区域规划”的旗号，将区域规划放到空间规划体系中亟待加强的重要位置，先从跨行政区的区域规划抓起。作为省内跨市县区域规划的试点，由湖南省发改委与中国城市规划设计研究院联合，于2004年编制完成《长株潭城市群区域规划》，接着由湖北省和河南省的发改委分别组织地理界和经济界人士，进行“武汉城市圈”和“中原城市群”的规划研究。国家发改委还组织本系统和地理界的力量开展“长江三角洲地区”和“京津冀都市圈”等区域综合规划研究。为了使发改委组织的区域规划具有法定效应，他们曾为国务院起草了一个着重阐明区域规划内容及其与相关各类空间规划关系的“规划编制工作条例”，因遭有关部门的反对而未能通过。

以上这种部门间相互争夺区域规划空间的现象，尽管名目不一，各有侧重，但其内容多大同小异，导致大量规划工作重复，资源浪费，各搞各的，互不协调，甚至各不认账，严重影响规划的科学性、实用性和权威性。我写了一篇对我国区域规划的演变历史进行全面总结的论文《中国区域规划的演变与展望》，发表于《地理学报》2006年第6期。其中专有一节论述“对规划空间的争夺”。此文发表后，引起《瞭望》杂志记者的注意，并对我进行了专访，要我针对各部门争夺规划空间的现象，就如何理顺各种规划间关系问题，写篇报道性的文章。经记者加工后，以我的名义，用《区域规划力避部门纠葛》的篇名，发表于2006年9月18日的《瞭望》新闻周刊。

2006年，由国家发改委主持的《中国主体功能区区划》形成了初步方案，中国科学院地理所的人文地理研究团队是该方案的技术支撑单位。时任国家发改委发展规划司司长杨伟民和中科院地理所樊杰等研究员曾到中科院院部专门听取地球科学众多院士对主体功能区区划方案的意见。那天我也应邀前往，可能是唯一的非院士研究员。院士们对区划与规划的关系讨论较多。我在会上提出，区划可分为现状区划和指导未来的区划两种，指导未来的区划也就是规划。我同意将全国划分为优化开发区、重点开发区、限制开发区、禁止开发区四大类，认为这有助于对全国国土开发进行宏观调控，但全国性的主体功能区划分只能以县为单位，有些被划入限制开发区或禁止开发区的县域内也存在一些可供开发的空间。因此需进行由省到县的逐级细化。与会领导对我的发言较感兴趣，之后我们也就相关问题多次交流。2007年发布了《国务院关于编制主体功能区规划的意见》，2010年《全国主体功能区规划》由国务院正式印发。

紧接着，经国务院同意，由国土资源部负责开始着手编制《全国国土总体规划纲要（2011 ～ 2030 年）》，早期由毕业于北京师范大学地理系的副部长胡存智具体负责领导。中科院地理所的陆大道、樊杰、金凤君、刘卫东和北京大学城市与环境学院的林坚等均参与了此项规划的编制研究。《全国国土总体规划纲要（2016 ～ 2030 年）》的编制前后历时七年，直至 2017 年才完成并上报国务院，国务院只发布了一个已完成此项规划的新闻报道。我在 2013 年曾被国土资源部全国国土规划纲要编制领导小组聘为专家咨询委员会成员，但只参加过一次会议，始终未见过该项规划的具体内容。

我一直认为搞好各种类型、不同层次的地域空间规划，对促进经济、社会、文化、生态各项建设在不同地域空间的综合协调，处理好不同地域发展与人口、资源、环境的相互协调关系，把我们的国家建设成为全国人民所共享的富裕、文明、和谐、舒适、安全、美丽的广土乐园，具有重大意义。而当前，我国各类地域空间规划的关系一直还没有理顺，成为近年来我和规划界的一些老朋友们，如陈为邦、周一星、石楠等经常议论的问题。在党的十九大召开前，我写了《健全地域空间规划系列》一文，发表于 2017 年中国城市出版社出版的《中国城市发展报告（2016）》。文中提出以下几条具体建议：（1）成立国家规划委员会或将国家发展与改革委员会改名为国家发展、改革与规划委员会，赋予统筹各类国土空间规划的职能，加强与国土资源和城乡建设部门规划机构的联合，共同负责对国土空间规划的综合协调。（2）国土空间规划应包含全国、跨省市区域、省域、跨地市区域、市（地）域、县（市）域等不同地域层次，并以县域规划作为多规合一的试点和强化空间管控的重点。（3）要加强对国土空间的规划管理，必须建立和完善能涵盖多种类型、不同地域层次空间规划的管理法规。（4）要为迎接我国国土系列地域空间规划高潮的到来，及早大力培养能胜任从事各类地域空间规划编制和管理的人才。由于空间规划的综合性强、涉及面广，需要建筑与工程科学、地理与生态科学、经济学与社会学等多重学科领域培养规划人才。具有地域性和综合性特点的地理科学，尤其以研究人地关系地域系统为主要对象的人文与经济地理学领域，更应为国土系列的地域空间规划积极培养具有丰富地理知识，擅长地域开发综合分析和空间布局综合论证，熟悉地理信息系统应用和遥感制图等基本技能的综合性规划人才。

党的十九大后，国家进行机构改革，由在原国土资源部基础上经调整扩充后新成立的自然资源部来统管地域空间规划，将原属住房与城乡建设部领导的城市规划司的主体部分划归自然资源部领导。我个人认为，这样似可有效地遏制规划界曾热衷的为扩大城市发展空间服务之风。但从长远发展看，具有综合性特点的各类地域空间规划，总不能只主要考虑如何节约、有效地开发利用自然资源和保护自然生态方面的问题，还需通过规划综合协调解决其他各种空间问题，其涉及面相当广泛。所以我还是认为自己在《健全地域空间规划体系》一文中所提的一些建议似乎更切合实际。现该文已由清华大学顾朝林教授主编的《区域与城市规划研究》2018 年第 1 期予以转载，希望能得到更多有关领导和规划界人士的认同和支持。

亲历中国城市规划的点点滴滴[①]

赵士修

作者简介

1931年出生于江苏省常熟市，1952年毕业于苏南工专建筑学专业，同年进入建筑工程部人事司参加工作。1953 ~ 1982年，先后在建工部城市建设局、国家城建总局、城市建设部、建筑工程部、国家计委城市局、国家建委城市规划局、国务院环境保护领导小组办公室、国家城建总局工作。1982 ~ 1993年，先后在城乡建设环境保护部、建设部城市规划局（司）工作，任副局长、局长。1993年退休。曾任建设部科技委员会委员，中国城市规划学会常务理事、顾问。

城市规划真正开始是在1950年代，那时候的部委名称为“城市建设部”。1952年9月我毕业分配到建筑工程部工作，第一任部长是陈正人。建筑工程部1952年8月成立，位于灯市口大街，陈部长是从江西省委书记的任上调来的，很有名。“毛选”说他是作为我们国家的老同志参加入党的，是知识分子的代表。陈部长一上任就开会强调做好全国城市规划建设是建工部的重要工作之一。陈部长待的时间不是太久，1954年9月起，由华北行政委员会副主席刘秀峰担任建工部部长，他的功绩也很大，百万庄的建工部大楼就是1954年建的。当年，城市规划工作由建工部第一副部长万里主抓，为了切实加强城市规划设计工作，城建局于1954年10月成立了城市设计院（中国城市规划设计研究院的前身），后来建工部的城建局又升格为城建总局，

① 本文根据2018年5月赵士修司长口述整理而成。

接着又独立出去，为“国家城建总局”，1956年又成立了城市建设部。城建总局的局长和城建部的部长都是由万里担任。一直到1958年，万里调任北京市委书记处书记。

一、青岛会议

1958年6～7月召开了“青岛会议”。当时为什么选择在青岛开会呢？那是因为1958年初，毛主席视察东部沿海七个城市，回来后他在中央的一次会议上提到，这几个城市就数青岛建设得好。刘秀峰部长回来后，随即安排我们去青岛调研一下，看看青岛到底好在什么地方，为什么好。

我参与了城建局的青岛调研，还把苏联专家也拉过去看，待了一星期，凡是主席看过和待过的地方，我们都去了。从青岛回来后，由高峰副局长代表调研组向刘部长详细汇报，重点概括了青岛城市建设的一些特点，比如城市用地功能分区比较明确，工业区、生活区、游览休憩区安排有序；道路布局自由，建筑随坡就势、错落有致等。刘部长一听就说好，当即决定6月份就在青岛开座谈会。

青岛城市规划座谈会于1958年6月下旬召开，一直开到7月初。会议由刘部长亲自主持，安排了青岛市容考察、分组讨论、大会发言、会议总结等环节。刘部长作最后的总结报告，他白天开会，晚上和我们座谈，亲自整理了一份提纲，最后在大礼堂整整讲了7个小时，上午4小时，下午3小时。

与1960年的桂林会议完全不同，1958年的青岛会议不是为了城市规划的“大跃进”，而是为了研究总结城市规划工作的技术方法。我保留了刘部长的讲话，经常拿出来学习。我很佩服刘秀峰部长，他以前是华北行政委员会副主席，工作很扎实，总结稿不需要别人准备，都能讲到点子上。刘部长在总结报告中主要讲了10个问题，到现在看来有些都还很受用。比如从全面的观点出发进行城市规划和建设。

核心就是提出要开展区域规划，不能就城市论城市。又如，城市规划标准定额问题，强调因地制宜，不能搞一刀切。

青岛会议召开的时候，“大跃进”刚开始，还没有真正兴起。1960年桂林会议是浮夸的，虽然两个报告都没有被批准，但是青岛会议不被批准的原因是认为不够提劲，没有“大跃进”的劲头。

在许多年之后的2013年8月，青岛又召开一次会议，我又参加了。当时起草了一个《青岛宣言》，副标题是“城镇化背景下的规划责任”。当时建筑学会也同时进行专题学术研究，我还不知道研究结果怎么样，我想从历史上这些规划工作的经历是一笔丰厚的历史遗产，我们应当仔细研究。

二、大庆工作经历

1963年，我被下放到大庆劳动锻炼，整整一年时间，四五百人睡通铺。当年大庆的采油作业很紧张，采油工人主要有两类，一类是从西北玉门油田转过来的工人，特别能吃苦；另一类就是解放军转业的工人，他们说部队急行军最多也就几天，但这里天天像急行军。

大庆的油是“鸡窝油”，小块很分散，很容易凝固。当年大庆受全国人民瞩目，大庆的石油要快采、早采。我在大庆油田指挥部搞基建，我们建筑工人起早贪黑，野外住帐篷，吃饭也在工地。10天才休息一次，每天凌晨4点起床，晚上还要开会。冬天晚上零下三四十度，冻土层有一米多深，轮着大锤子砸下去也就是个白点子，很难达到每天规定的工作量。夏天搞夜战，蚊子多，一叮一个大包。野外也没有公厕，拿一把火去方便。条件真是艰苦。

那时候的工人很能吃苦，混凝土没有搅拌机，就让人跳下去搅拌。当年全国提倡的工业学大庆，学的就是这种艰苦奋斗精神。进入教科书的那张照片工人王进喜就是石油钻井队队长，玉门去的，特别能吃苦。

后来我又到大庆考察，发生很大变化，还专门建了一个“王进喜纪念馆”。干事业不付出是不行的，一年劳动我终生难忘。过去我们普通机关都有劳动锻炼，现在没有这种劳动制度了，年轻人都不了解基层情况。

三、对国外城市规划和生态环保的认识和观点

第一次出国是肯尼亚，参加环保会。后来五大洲我都去过，日本、英国、美国、澳大利亚，还有非洲的一些国家，我觉得各个地方有自己的特点，有的富裕有的贫穷落后，两极分化。澳大利亚领土辽阔，人员稀少，城市规划建设很不错，每个地方都有规划，按照规划建设。英国是老牌帝国主义，一些城市建设的做法值得我们借鉴，它的城市建设很注意生态，有大公园、中等公园，公园人工建设很少，主要是绿化。美国不行，繁华有余，管理太差，那时候我们有几个同事一起去，马上要上车了，就在美国纽约旅馆门口公然被抢。

相比较而言，我们国家规划建设发展任重道远，我们国家人口多，真正能够建设的土地有限，城市的区域规划要加强，管理也要加强。我们现有的一些规划管理的法规不全、执法不够，要加强全国性的、地区性的规划。我们 13 亿人口所处的领土有限，人口密度分布不均。现在搞京津冀一体化，设立雄安新区，这个地区我经常去，也在那儿下放劳动过，我觉得生态问题应当放在第一位。

四、城市规划的发展阶段

2019 年是改革开放 40 周年，城市规划发展也经过了这么几个阶段。

1978 年十一届三中全会提出来改革开放，对内改革，对外开放，提出来以后也经过比较长的时间发展，当时的开放应当说是从广东省开始的，最早是在深圳，深圳实际上是一个点，现在变成一个面。

1978 年当时正式批准广东、福建两个省施行特殊政策，这样就迈了一个开放的历史性的步伐，对外开放就成为我国的基本国策，到了 1992 年 10 月份十四大宣布新时期的特点就是改革开放，我国进入了一个新的改革时期，到了 2013 年中国进入了全面深化改革的新时期。

1996 年 5 月国务院下发了《关于加强城市规划工作的通知》，文件规定要切实发挥城市规划对城市土地和空间资源的调控作用，强调土地和空间资源的调控作用，要促进城市经济和社会协调发展，这应当说是在社会主义市场经济条件下国家对城市规划一个新的定位。经过几十年发展，城市规划也分成宏观、中观、微观三个层级。所谓宏观就是全国的体系规划，地区的还有流域的一些城市体系规划；中观就是一个城市的总体规划；微观就是城市的局部，包括分区规划、工程规划、专项规划等等。

其中很重要的有几个概念：一是什么叫城市？城市是一定数量的非农业产业、非农业人口的聚集地，是有别于乡村的居住或社会的一种组织形式。根据国务院文件，城市规划是一定时期内城市的经济和社会发展、土地利用、空间布局以及各项建设的综合部署、具体安排和实施管理，强调的是综合安排；具体的安排和实施管理都在里边。因此城市规划是建设城市、管理城市的一个基本依据，是保证城市的土地和空间资源能够得到合理利用和城市的各项建设能够合理进行的一个前提和基础，是实现城市经济和社会目标的一个重要手段。由于城市规划的综合性、政策性、前瞻性，城市规划被称为城市建设和发展的龙头，龙头地位就体现在这个地方。

五、双重领导下的城市规划成果

自 1980 年代开始进行城市经济体制改革，由于城市规划同国民经济计划关系的密切性，当年城市规划局是双重领导体制，受国家计委和城建部两个部门领导，有两张工作证，一直延续到 1993 年，那年我 62 岁退休，超龄两年。我在规划局工作的时候，每年要开一次地方城市规划处长会，因为采取的是双重领导，所以地方上有城建处处长，还有计划处处长，每次开会两位处长都要参加。

在城市规划局双重领导的体制下，我们和国家计委一起推进了不少规划工作，单就宏观性的规划而言，有这么几项成果：上海经济区的城镇总体规划，这项工作对有关省市的规划编制、跨区域铁路建设等发挥了重要指导作用；长江沿江地区的城镇布局规划，经过半年左右时间，编制出《长江沿江地区城镇发展和布局规划要点》，规划成果由长江水利委员会办公室纳入《长江综合治理开发规划》，并上报国务院。到1992年，形成《陇海—兰新地带城镇发展与布局规划要点》，后来根据国务院领导同志意见，将规划成果由建设部和国家计委联合发文，送国务院有关部委及陇海—兰新地区有关省、自治区的人民政府，供制定有关计划和规划工作时参考。

当时规划的范围脱离了点的限制，涉及一条线、一个流域。城市规划工作的特点是综合性很强，涉及国民经济、社会、艺术、技术方方面面，因此城市规划必须要与其他部门加强协作。城市规划是国家的规划，不是某一部门的规划，只有发挥国务院各部委的整体协作性才能提高城市规划的质量、水平。

我 1993 年退休，工作了整整 41 年，1993 年以后城市规划又有很大的进展。对当下我没有什么发言权，但是从历史上来看，我们走的这些道路以及创新的一些路子都应当很好地研究，有的要发扬光大，有的受一定限制，应该改进。时代在前进，我们的工作也要不断地充实、更新，特别是城市规划涉及的面比较广泛，城市规划工作不能停留在一个水平，一个阶段，随着时代的发展我们规划工作应当不断地发展、更新、充实、完善。

简要回顾个人40年的城市规划专业历程

邹德慈

作者简介

邹德慈，1934年出生，1955年毕业于同济大学。1986～1996年任中国城市规划设计研究院院长，现任该院学术顾问、教授级高级城市规划师，兼任中国城市规划学会名誉理事长，住房和城乡建设部城乡规划顾问委员会委员，国家环境保护咨询委员会委员，清华大学、同济大学、重庆大学、南京大学、东南大学兼职教授。2003年被选为中国工程院院士。

一、新的视野、新的天地

1979年10月我被调回中规院（当时还只是一个研究所），重操旧业。当时国家已经开始进入一个新的历史时期，拨乱反正，改革开放，城市规划事业逐渐恢复，一切都展现出新的气息和新的景象。1982年中规院重新组建时，我担任经济所的所长。当时所做的第一项大事，是受长江流域办公室（长办）的委托，参与三峡工程可研报告的"移民迁建"部分，我直接分管和指导这个项目。三峡工程淹没城镇14座（县以上），加上农村被淹人口，移民总数量近百万，这在世界水库建设史上是罕见的。尤其是十几座淹没城镇的迁建工程，真是史无前例，毫无经验可以参考。在历时一年多的工作过程中，我们为淹没城镇开展迁建选址，作规划设计，进行投资估算。这是一种"非常规"的规划工作，方法从任务中来，标准从实际出发，一切参照过去仅有的一点经验而定。我们为该项目制定了一套特定的统一技术措施，主要成果（也是值得自豪的成就）是通过规划提出城镇移民迁建指标，这个指标大大超过了水利部过去所执行的补偿标准。水利部刚开始感到惊讶，不愿接受，到后来经过反复校核论证最终予以了认可。随后三峡工程的初步设计和全国人大通过的建设方案中的迁建投资指标都是参用了我们的成果。20 年后三峡工程的建设实践也证实了我们的研究成果的科学性。

1980 年代前半期，我参与多项这种“非常规”的规划、咨询与论证，对于开拓思路、科学论证，特别是突破过去某些禁锢思想的教条大有益处。例如，1980 年代天津震后重建规划中关于是否允许震后急需建设的新住区继续在市区外围“摊一点煎饼”，还是理想主义地离开市区去建卫星城市？ 1983 年陕西安康被洪水冲毁后重建时，是原址恢复，还是一劳永逸地放弃沿汉江的上千年的旧城址而迁到后靠的塬上建新城？这些问题在当时都是需要当机立断进行决策的尖锐矛盾。我和我的同事们都是以实事求是的科学态度进行的论证，我们的观点最终被采纳，事后被实践证明是符合实际的。这时期我还参与过山东齐鲁石化公司 30 万乙烯项目职工生活区的选址之争、深圳国际机场选址之争等，规划通过科学论证都取得了胜利。我实实在在地看到了规划的作用，这种作用的发挥，并不局限在编制法定规划上，而是在于城市规划的活的灵魂。可惜近几年来这种矛盾之争和科学论证反而少了，可能是对于很多问题地方领导早已拍板定案，无须再搞什么论证了。对于我个人来说，最深切的体会是，规划师要具备两种素质：一是为事业敢于碰硬的勇气；二是足够的学识和经验。

改革开放，社会开始转型，城市的面貌和问题都日新月异。1980 年代后我越来越感到学识的不足，经验代替不了理论。改革开放后，我特别渴望了解西方的城市规划理论，因为我国的城市规划学的是苏联，而苏联的规划思想有不少是脱胎于西方的。1980 年代初，我遇到一个难得的机遇，即参与《中国大百科全书》中城市规划条目的编写工作，后来又参与《全国自然科学名词》的审定、《土木建筑大辞典》的编写等工作。这是我1960年代参与“城乡规划”教科书编写工作的继续。参加这些工作有助于自己梳理和明晰城市规划的理论概念。1984年我与金经元先生合译彼得·霍尔所著的《区域和城市规划》一书，更是比较系统地介绍了欧美现代城市规划的起源与发展，对国内规划界了解西方城市规划起到了重要的推动作用。1980年代后期担任中国城市规划设计研究院院长期间，我大力支持与英国的学术交流，举办了若干期中国青年规划师赴英短期培训班，效果很好。1991年英国谢菲尔德大学之所以授予我荣誉博士学位，正是与我对中西方城市规划学术交流的贡献有关。此举对1981年我首次赴港参加学术会议时，香港《南华早报》揶揄中国城市规划界不了解外情是一个有力的回答。我为此深感自豪。

二、治院十年

1986 ~ 1996年，我被任命担任中国城市规划设计研究院院长，任期11个年头。当时的中规院正处在成长期，而社会经济发展逐渐加速，各方面改革转型，变化日新月异。任命我当院长，事前没预兆，思想上毫无准备就仓促上阵。我对这个职务没有一点经验，也没有多少兴趣，只是感到中规院恢复组建没几年，使它尽快成长发展是我们这一代规划人的责任。我的经历多样，什么都干过，只要是组织安排，我都敢干。这次要我当院长，而且是中规院，就要尽力当好。11个年头，不算漫长，但对人生而言，也并不短暂。当年上任时，牢记邓小平同志讲话，科研机构要出人才，出成果。中国规划界、中规院当时的主要矛盾是要出人才，而规划成果（实践）是出人才的主要途径。要达到此目的，必须管理好院。首先需要树立起一个好的院风，还要建立起一套规章制度，也要使全院职工有较好的收入和必要的生活保障。

我所倡导并得到部领导同意的中规院院风——求实的精神、活跃的思想、严谨的作风，是经过认真思考的，也正切合了城市规划工作的实际特点。作风是重要的法宝。一个军队有一个好的作风无往不胜，一个院也要有一个好的院风才能兴旺发达。

“求实”——城市规划特别要讲求实，因为城市规划的特点是要对未来作一定的预测和设计。规划的图纸和文件，都是描述未来的，对未来的认识和预测容易产生两种倾向：一种倾向过分保守，不敢想不敢做，看不到主观能动作用和积极性；另一种则容易脱离实际，浮夸虚涨，把未来看得过分乐观，不顾现实的客观条件。几十年来这些经验教训都有过。所以要特别重视求实，要从实际出发，从实际发展的可能条件出发。我们要做的是城市实实在在的规划。

“活跃”——主要是指思想。针对的是另一种城市规划的倾向，容易故步自封，容易僵化，思想跟不上客观世界发生的变化。现在改革开放了，竞争也越来越激烈，许多新的东西需要你去研究和思考。所以你必须思想活跃，不断接受新的东西，包括新的知识和技术。

“严谨”——指的是科学的作风。思想不但要活跃还要严谨，要运用科学的方法论证新的思路和方案。严谨和活跃，始终是一对相互促进和制约的因素，严谨也就是尊重客观规律，又和求实相互呼应与补充。

我任院长期间，还推广三句话的学风：读书不唯书，尊上不唯上，学洋不崇洋。我自己以身作则。治院期间发生过多少的人和事，都是对我的教育和挑战。同时也是我的一次宝贵机遇，使我能更深刻地认识社会，认识人，认识科学技术，认识城市规划。

三、初入不惑

古人曰：三十而立，四十不惑，五十知天命……我今年（2019 年）84 岁了，虽已到耄耋之年，但对于城市规划才感到初入不惑，比古人说的不惑要晚 40 多年。原因很多，其中之一便是城市规划学科的复杂性和综合性。从 20 世纪 90 年代至今，尤其 1996 年离开行政职务后，有条件可以多读点书，多思考研究一些问题。特别是我国城市的高速发展及其所带来的问题，更是我关注的重点。

自从转型期开始后，研究市场经济条件下的城市规划成了中国规划界一个长盛不衰的课题。我认为要研究城市规划必先研究城市。我在 1991 年写的一篇论文中，首先提出一个命题：要重新认识今日之中国城市。它不仅在体制上，也在规模上、空间形态上、文化形态上发生着很大的变化。我提出：认识城市、研究城市是城市规划师的任务和职责；城市是城市规划师最好的课堂和实验室。我在论文中提出现代城市规划的三个重要支柱是：城市研究、城市设计、城市管理。我主张三者的交叉融贯是规划的重要方法。城市，是我们终生研究不尽、研究不透的对象和课题。研究今日之中国城市，离不开研究昨日的、历史的中国城市，也离不开研究世界的，特别是发达国家的城市。近来痛感我国缺少一位像美国的路易斯·芒福德那样的学者，写一部体现中国学者价值观的城市发展史。我自己已经不可能来做，但愿后来人能实现此夙愿。

中国现代的城市规划，从理念到方法，主要来自西方（包括苏联），真正继承我国古代传统的东西不多。这并不奇怪，主要的原因是 100 多年来中国的经济实力、科学技术落后于西方。建设现代化城市就得学习西方。我从研究西方近现代城市规划史找到很多我们今天城市规划问题的渊源和答案。不研究点历史，遇事就会一头雾水。如果有可能，系统研究更有必要。近年来，我为中规院的研究生讲述“西方近现代城市规划发展史纲”，也在一些省市的培训班中讲过，反响很好。国内高校城市规划专业本科阶段一直缺少这门课，近年来少数国内学者（包括同济大学）开始研究这个课题，十分可喜。日本学者在这方面做得很好，他们老老实实地研究西方、学习西方，但仍保持着自己民族的历史文化传统。

我对现代化城市感性的初识，始于1986年对美国的第一次访问，回国后写了一篇《汽车时代的城市空间结构》的文章，提出汽车时代必然来临。汽车来到城市，进入家庭，对城市空间结构的影响和冲击，是空前的和具有历史性的，城市规划要早做准备。我当时对中国城市汽车发展的估计偏于保守。不幸的是，20年后，中国的大城市正在步美国的后尘。我曾预言，对城市空间结构的下一次冲击，将是产业结构的调整和新兴产业（包括高新产业）的发展，这个过程正在进行着。我国的城市规划经历了30年的计划经济时期。那时的规划基本上是设计性质的工作，是国民经济计划的继续和具体化。进入社会主义市场经济时期，在城市规划的性质、任务上最具本质性的变化是从"规划设计"走向"主动式的规划"，它包含着战略、政策、设计、法治、管理等多方面的内容，理念和思想是统帅，是规划的灵魂。可持续发展城市、生态城市等新的规划理念层出不穷，我的态度是探索、实践，不要简单化地否定。我与夏宗玕同志合作的"温州城市生态环境规划研究"是个探索性项目，成果获得了奖励，可惜这种探索性研究的机会太少。由于地位和职务的关系，每当规划界出现或引进一个新的概念，我都得表态，谈一点自己的认识，这反倒成了我一个学习新知识的机会。这几年我不断学习，当然有的也是被迫的，但总算还能与时俱进，跟上时代发展的步伐。

21世纪初，全国人大曾有过一个宏伟计划——组织编写《现代科学全书》，囊括人类迄今为止几乎全部的科学知识，约600多卷。其中《现代城市规划卷》的编写任务落在了我的身上，这是一项艰巨的任务。我认真作了筹划，拟定了16个专题（章）的内容大纲，约请国内18位专家组成编委会，每位编委撰写一章。过程中开了两次研讨会，认真讨论了每一章的内容。各个章节既自成体系，又融合了集体智慧。我汇总其成，并撰写最后一章"城市规划发展趋势与展望"，阐述了自己的一些观点。这本书的编著工作历时两年，最后《现代科学全书》的出版计划有变，于是改用《城市规划导论》为书名，由中国建筑工业出版社于2002年出版。

或许是由于职业的特点（长期在规划院工作），我对规划设计比较关注。20世纪60年代西方规划界对现代城市设计非常重视。在改革开放后，西方的城市设计思想逐渐传入和影响中国的规划界，但其与我国现行的城市规划设计确有异同之处，业界一度有些茫然。中规院也迫切需要弄清这个问题。大致从1990年代开始，我花了相当时间，研究现代城市设计，包括看了一些国内外学者的著述，整理出讲稿，先在院内给专业技术人员讲课，后来也在院外讲课，至2003年写成专著，名为《城市设计概论》，其主要内容正如这本书的副标题所示："理念、思考、方法、实践"。

2003年我被选为中国工程院院士。这是我专业生涯的一个里程标志，但不是终结，更不意味着是"最高"。报选院士是我的意愿，但并没有志在必得的想法。因此，被选上固然很高兴，却也没有"激动万分"。那年我已69岁，如果没选上院士，我准备打包回家，安度晚年（中规院规定70岁以上不再回聘）。当了院士，倒是促使我生命不息，工作不止。当院士后，我第一次接受记者采访时就说，我不认为自己是权威，因为城市规划没有权威。城市规划看似浅显，因为它贴近生活，谁都可以说三道四，评头论足，但它又很精深，深在它的综合性和复杂性。一个人很难具有如此全面的知识和经验去穷尽它的真谛。现在我感到自己又进入了专业历程的一个新的阶段，还有很多新的知识需要学习，许多新的经验需要体验。必须活到老，学到老，学习一辈子。

四、达观知命

进入新阶段后，许多新的东西需要研究和思考。新世纪伊始，国家开始编制新一轮的中长期科学和技术发展规划，城镇化与城市发展科技问题作为一个专题受到关注，这对城市规划而言具有十分重大的战略意义。

进入新世纪很快就迎来了新的形势，接到的任务是整合并完成“我国城市化进程中的可持续发展战略研究”综合报告。这一时期的“城市化”研究在学术方面作了较为扎实的研究工作，包括城镇空间分布结构、经济问题、循环经济、城市生态、城市文化以及水资源和矿业城市等诸多领域多层次的学术研究。最终形成的综合报告分为环境与生态、能源和资源、城市管理、城市文化、城乡协调发展等五个部分。可惜这次成果由于种种原因，未能全面受到重视，只能有待后人去继续完善和实践了。

随后，为了适应经济全球化的挑战，工程院又先后进行了“节约型城市”和“自主创新能力”的城镇建设工程等方面的咨询研究。这些都是旨在依靠科技进步，实现我国城镇建设和发展方式的根本转变的良策。

然而，2005 年前后我国的城镇化发展开始进入加速阶段，未来我国的城市会发展成什么样？加速后的城市发展可能带来哪些影响？这些都需要反复思考和深入研究。对美、德等国的实地调研，使我对国外“大城市连绵区”的发展以及区域空间规划工作有了较全面的认识。“大城市连绵区”作为城镇化发展的一种高级的空间形态，将逐渐成为我国参与全球竞争的空间载体，它的动力机制以及产业、人口和城乡建设等方面的研究成果，将为今后我国的区域空间工作提前做好准备。

2008 年汶川发生大地震后，中国工程院紧急启动“我国抗灾救灾能力建设和灾后重建策略研究”，“灾后重建规划”于一个月内完成，共包括 11 个方面的内容。这是旨在为政府决策机构提供技术咨询的侧重战略性和政策性的一种规划。

随着我国城镇化进程的加快，2011 年底我国的城镇化率突破

50%，我国的城镇发展进入新的阶段。中国特色的新型城镇化“特”在哪里？将如何发展呢？印度、巴西等国的城镇化发展中发生了严重的问题，在实地调研后，经过多个专业领域的交叉研究和多次讨论，“中国特色新型城镇化发展战略研究”圆满完成并向国务院作了汇报。这次的城镇化研究既是我国早期城市化研究的深化，也圆了上一轮研究的梦。与此同时，智能城市的发展正受到各个国家的高度重视，施仲衡院士、吴志强院士与我的团队共同完成了与城镇化协调发展的“智能城市规划、交通与物流发展战略研究”。

继“城镇化”研究之后，针对新阶段我国农村的发展我提出了发展建议，并先后牵头开展了村镇和县域两个层面的咨询研究。或许是由于在村镇研究的前期，我组织召开过多部门专家学者交流的香山科学会议，村镇的发展目前正受到各个领域专业人士的重视，愿规划的知识能不断用于国家的建设发展和实践中。

以上就是我——一个普通城市规划师40年的专业历程。

从经济地理到城市与区域
——南大规划40年科学研究忆

崔功豪

作者简介

崔功豪，1934年出生，浙江宁波人。1956年毕业于南京大学经济地理专业，留校任教，任南京大学教授、博士生导师。1956～1958年参加北京铁道学院（现北京交通大学）苏联专家讲授的《运输经济学》研修班，1985～1986年任美国阿克伦大学访问教授。长期从事城市与区域研究和规划工作。著有《城市总体规划》《中国城镇发展研究》《城市地理学》《区域分析与区域规划》《当代区域规划导论》等著作。曾赴北美、欧、亚各洲十余国访问讲学，主持国际会议和科研合作项目。现任南京、苏州、无锡、厦门等政府城市规划顾问。获中国城市规划终身成就奖。

一、区域知识的学习和区域研究实践能力的培养

1954年南京大学（以下简称“南大”）在全国地理系中第一个设立经济地理专业，并按莫斯科大学地理系的教学计划和我国地学培养的传统，设置了大学本科课程。关于区域方面，除了通常所称中国自然地理、中国经济地理、世界自然地理、世界经济地理四大块之外，还专门设置了中国区域地理课程。融汇了区域自然、经济、历史、人文等知识，探讨区域发展的问题和方向，并按当时全国划分的东北、华北、西北、华东、华南、西南、华中7个区，分区专人进行讲授，大大丰富了学生的区域知识，提高了区域综合和分析能力。

在实践方面，地学的传统是理论与实际结合，任务带学科。因

此，进入高年级（三、四年级）均需结合各项委托的任务进行生产实习和毕业实习。据此，自 1954 年以来，南大地理系先后进行经济区划、农业区划、土地利用规划、人民公社规划、城市规划、区域规划、流域规划、水土保持规划等各种不同类型、不同空间尺度的区域性规划。同时，还开展了多项区域性的资源考察以及土地利用（贵州山地、内蒙锡林格勒草原）、沙漠治理（新疆塔里木、青海柴达木）等区域规划的基础工作和规划工作。我本人，即参加过湘江流域规划调查（1955 年）、中苏青海甘肃（河西走廊和柴达木盆地，1958 ~ 1959 年）、云南南部橡胶宜林地选择（1960 ~ 1961 年）、贵州山地利用（1963 ~ 1966 年）、安徽休宁县土地利用规划（1973 年）等。通过实践，培养了坚实的区域研究的调查、分析、整合的能力，熟悉和初步掌握了区域研究的理论和方法以及区域规划编制过程。

二、区域规划的研究和实践

自 1974 年明确了经济地理专业服务于城市与区域规划的方向以来，在课程设置上做了重大的调整。在地理学和经济地理基础理论和知识基础上，增加了关于城市与区域科学（城市地理、城市社会、城市经济、区域经济）和城市与区域规划的内容。同时开展了大量的城市与区域研究和规划的实践。就区域规划而言，主要有几方面：

一是城镇体系。城镇体系是区域内城镇间各种发展关系的综合，既涉及城市又关于区域，既有地理学科，又是规划学科。因此一直受到南大的重视。宋家泰教授改革开放后（1982 年）第一批招收硕士生的毕业论文（1985 年）中，即有合肥市城镇体系（万利国，曾任山东省住建厅副厅长）、宜昌市域城镇体系（周庆生，后赴澳大利亚，现就职悉尼大学）等研究。近 40 年来，南大承担了遍及长江中下游和沿海各省、区、地、市、县不同范围、不同类型的各项城镇体系规划任务。1990年代还与浙江省规划院合作编制了约9个县域城镇体系规划（当时，浙江省建设厅要求县域城镇体系规划全覆盖，邀请全国规划机构参加，但必须有甲级资质。当时，浙江省院为乙级，因此，与南大合作）。总结提炼了“三结构（等级规模、职能组合、空间布局）一网络（交通）”的城镇体系规划的基本思路，并作为重要内容被纳入建设部颁布的《城镇体系规划编制办法》。同时，受建设部委托举办了两次城镇体系规划的培训班。

二是国土规划。上世纪80年代初，中央领导赴西欧、日本等地考察，引入了国土整治、国土规划等概念，组织开展全国的国土规划工作。自1983年起，以资源开发为重点，选择4个点——河南豫西（焦作，煤炭等矿产资源），湖北宜昌（水电、矽矿、旅游资源），吉林松花湖（农林水利资源）以及新疆的巴音格勒州，开展国土规划试点工作。南大即自1983～1986年开展宜昌地域（包括宜昌市和长江以南的宜都市）国土规划。由于工作成果系统全面（扩展延伸到县级），并因工业用地选择的深入细致和可操作性，在1986年国家计委、建委、旅游总局、环保总局、水利部等9部委组织的验收大会上得到一致好评，获得“中国最好的国土规划”的评价。嗣后，又因中央关于建立“三峡省”的精神，开展了三峡省国土规划及涪陵地区、万县地区国土规划。南大由于国土规划方面的出色成果和较为雄厚的规划技术力量（当时南大的国土规划由城市与区域规划、自然地理、自然资源专业同时承担），陆续得到国家和有关省区市的委托，开展了福建沙溪河流域，广西自治区沿海、沿边的国土规划以及江苏省级有关地市的国土规划，并接受委托开班全国国土规划培训班等等。21世纪初，国土资源部组织第二轮国土规划试点（深圳、天津）时，南大又承担了深圳市国土规划的重要部分——国土空间结构和布局的任务。

三是城市区域规划。21世纪，随着全球化的进展，世界城市化出现了“区域城市化”和“城市区域化”的新趋势（2001 年我在《国外城市规划》杂志上发表的《都市区规划——地域空间规划的新趋势》一文中提出的，并指出由中心城市及其周边城镇共同组成的“城市区域”已成为当代全球城市竞争的基本空间单元的论点），结合宋家泰教授的“城市－区域”理论（20 世纪 80 年代提出的），南大开展了众多不同类型的城市区域规划工作，包括都市区、都市圈（南京都市圈）、城镇群（湖南长沙—株洲—湘潭城市群、青海东部城镇群规划）及城市带［长江中下游（宜昌—南京段）产业－城市带研究，国家自然科学基金项目，发表了硕士生李世超撰写的国内第一篇关于城市带的文章——《关于城市带研究》，《人文地理》，1989 年］。

此外，适应当时城乡规划发展形势，还开展了新型区域规划任务。1995 年接受浙江省建设厅委托承担“温岭市城乡一体化规划”（浙江省试点），在学习了中规院沈迟所长编制的广东南海市城乡一体化规划经验基础上，提出了城乡 6 个一体化（经济、社会、空间、环境、支撑系统——基础设施与公共服务设施、规划）。1999 年，接受建设部规划司委托（由何兴华副司长交办）开展县域规划，并编制《县域规划编制办法》，供在全国有关会议上推广。南大接受任务后，即与南京市规划局何惠仪局长商定以江宁县为试点，并共同去部规划司落实具体要求和去北京市规划院学习，院总规划师王东介绍在北京开展县域小城镇规划的经验。规划完成后，由建设部陈晓丽司长率专家组进行评审，获得一致好评。后《县域规划编制办法》因某种原因，改为《县域城镇体系规划编制办法》，在会议上发布。21 世纪初，南大承担了带有“多规合一”性质的、浙江省规划体系改革的“市（县）域总体规划”（嘉兴市、宁波市）编制工作，由市（县）域总体规划统领经济社会发展规划、土地利用规划与城市总体规划，不再单独编制城市总体规划，而列入该规划中的城市部分。此做法得到建设部的支持和认可。

三、当前区域规划又面临新的形势

新组建的自然资源部汇集了相关部委的空间性规划的职能，构建了国土空间规划体系，以国土空间规划统领（代替）各类空间性规划。区域规划的地位、功能、结构、内容、方法均将发生新的变化，需要学界共同探索。而对具有地理背景的南大规划，既有了更加发挥学科优势的条件，也迎来新的挑战。要从着力于城镇空间—人居空间，扩展到整个区域空间，包括自然空间。因此，需要从全域角度，在保护自然空间和优化人居空间的融合中达到整个国土空间的可持续健康发展，这将是一项新的任务、新的使命、新的考验。

四十年的回顾与瞻望

——观念转变使城市地理研究与城市规划同道兴旺

叶舜赞

作者简介

中国科学院地理科学与资源研究所退休研究员。1936年11月生于上海市，祖籍浙江省余姚县。1955年毕业于上海市五爱中学。1956～1961年赴苏联哈尔科夫农学院土地规划系学习，获工程师学位。1962年起转入中科院地理研究所从事经济地理工作，1978年以来专攻城市与区域开发研究。1980～1981年在荷兰国际航空航天勘测与地学学院城市调查系进修。1991年晋升为研究员。1998年退休后继续从事专业工作，近年来研究俄罗斯城市化及其城市地理。

1978年，我有幸在中国城市规划学会成立之年开始从事城市地理研究，同城市与区域规划工作者们一道，共同迎接我国改革开放发展的建设高潮。

在万马齐喑的“文化大革命”年代，我们研究所的经济地理等学科研究室被取消。我闲看所里订购的国外地理期刊，发觉在人文地理领域里城市地理研究最活跃，而这在我国却是冷门。为此，我曾不识时务地询问“靠边站”的研究室老主任吴传钧先生，而又不敢与他议论下去。

《实践是检验真理的唯一标准》一文在1978年春天吹开了思想解放的号角。同年12月，党的十一届三中全会召开，决定全党的工作重点转移到社会主义现代化建设上来。从此，我们可以放开手脚搞建设，百业俱兴作研究、搞规划了；我也如愿加入了城市地理研究的行列。1979年12月，在中国地理学会举行的全国代表大会上，老前辈们呼吁复兴压抑已久的人文地理学。从此，作为人文地理学重要分支的城市地理学，在我国结合欣欣向荣的城市建设和城市规划工作，也蓬勃发展起来了。现在，城市地理专业委员会已是我国地理学会中队伍最大、活动力最强、研究贡献最多的一个分支学科组织了。以下，我结合自己这些年来的工作体会，与大家交流一些浅薄的认识吧。敬请赐教！

一、城市研究，思想解放大步走

在1960～1970年代，国家发展曾想走“非城市化的工业化道路”，甚至认为发展城市、过于搞好城市建设会扩大城乡矛盾，走上偏离社会主义发展方向的歪路。到了1970年代末、1980年代初，国家有关领导部门和专业人士从三十年建国正反两方面的经验和教训中认识到，城市发展和建设是实现国家现代化的必由之路。我们中国城市规划学会区域规划与城市经济学组也于1982年秋首次召开的年会上选择了“中国城市化道路”这一主题。通过敞开思想广泛讨论，大家提高了认识，感到可以理直气壮、满怀信心地去进行城市建设、城建规划设计和研究工作了。

同年12月，城乡建设部通过自然辩证法研究会召开了“全国城市发展战略思想”学术讨论会，这为城市发展、建设和规划工作擂动了更响亮的战鼓。可是当时大家还要讨论我国的城市发展的方针问题，如何在实际工作中做到“严格控制大城市，合理发展中等城市，积极发展小城市”呢？这是由于1950年代末我国执行“大跃进”的路线，国家发展遭受了严重挫折，经济发展过快，不平衡，基本建设摊子铺得过大，国家需要压缩基建规模；为了减轻城市建设负担，产生了这样的政策思想。但到了1980年10月，国家建委召开全国城市规划工作会议时，还是重提了这个方针。当时思想已有不同程度解放的与会者议论纷纷，提出多样的主张。有人敢于提出优先发展大城市了，因为在大城市和特大城市，社会经济因素积累丰厚，投资建设效益高，城市功能强，带动区域和国家发展的作用大。也有些人还受原来的政策思想影响，主张重点发展小城镇，走“自下而上”的城市化发展道路，他们以当时方兴未艾的乡镇企业发展形势为论据。又有人主张重点发展中等城市，似乎这类城市既可较好地发挥城市的作用，又可避免大城市人口过于集中、规模过大产生的“城市病”，“中等城市发展论坛”还活动了一段时间。

当时我国沿海改革开放经济大发展的地区，凡是有区位优势及其他较好条件的地方，无论大、中、小城市，甚至乡镇都有发展活力，这在珠江三角洲和长江三角洲地区表现最为明显，因此我认为不能简单地按城镇人口规模大小决定哪个人口规模级别的城市为重点发展对象。事实上各地无论地方大小都在争取发展，中央或地方政府、外资、私人等企业投资者都会自行判断，作出投资决策。大小城市、乡镇都可能获得投资，都有发展的机会，但投资花落谁家，有关政府部门可以根据地区发展的效益大小和可能，既可引导，也可作规划协调。当时我曾想写文章表达我的这一想法，但在参会前另有任务压身，没时间写成，只是将刚刚完成的一份资料汇编《关于各国划分城镇人口的规定》提交给了大会。

后来，我国发展进入城市经济体制改革阶段，注重发挥中心城市的作用。因为各大区不同等级区域层次的中心城市人口规模差距很大，有特大、大、中等、小城镇等等，国家和各级地方政府都可以致力于发展其中心城市，这就难以推行按城市人口规模分别采取严格控制或积极鼓励的城市发展方针了。

中心城市集聚着较丰富的人力资源和资金以及较完备的生产设备和基础设施，能产生集聚规模效益，所以是国家和地区的经济与社会活动中心、现代化的发展中心。区域开发依托中心城市能使资源优势有效地转化为经济优势。因此，1986 年我在中科院的“西南地区国土资源综合开发考察”项目中，争取列入了“中心城市的作用及其发展与建设”课题。这在中科院数十年的地区自然资源开发综合考察工作中，是首次引入城市研究。这项工作启发我们在自然资源开发过程中要注意考虑社会经济资源利用，区域经济发展要依托城市的开发基地作用。这次初步尝试虽然工作与思考还不够深入，但得到中国人民大学杨树珍教授的鼓励，说我们的研究“在一定程度上丰富了资源经济学与城市地理学的内容”。

我在中科院的区域资源综合开发考察工作中，第二次成功设立城市发展研究的课题——“京九铁路经济带开发研究”（1994 ~ 1996 年）。我为该项目作的开题报告获得了中科院“区域开发前期研究”专家评议组的肯定。京九铁路是我国一条贯通南北的运输大干线，建设这条干线不但是为了满足国家日益增长的南北地区之间的运输需要，促进许多省际边缘地区经济发展，而且对于加强内地与即将回归祖国的香港之间的联系具有重大的经济和政治意义。香港方面，九广铁路公司对于这条铁路的运输能力及其沿线许多交通枢纽城市的发展前景也很关注。他们通过香港大学的叶嘉安教授（后为中科院院士）与我们联系，希望我们按他们的要求同时提供一份调研报告——《京九铁路沿线地区经济发展及其对九广铁路客货运输的影响》。他们认可我们的工作成果后，又委托我们进行“北京／上海—香港客运潜力分析”。我们幸喜在香港回归祖国以前就从事陆港合作了。

二、区域研究，幸遇良师领入道

我能从事城市与区域发展研究，既有时势的机遇，又受过往经历的局限，蹉跎光影，到了 42 岁的年纪才步入这个研究领域，得以稳定住自己的工作方向。“文化大革命”之后，我们研究所恢复了城市地理学科组，我有幸成为其中的一员，得到孙盘寿先生指导和胡序威先生引领入深。

毕生后从事工业布局研究的胡先生早在1959年就为四川省的工业和工业城市建设开展了区域规划调研任务。1958年国家为开展大规模基本建设，在许多重点工业建设地区启动区域规划。当时他就认识到：经济地理学科要发展，不能只停留在对区域经济现状的描述和分析上，而应对其将来合理的发展布局提出建议，因此认为区域规划研究是经济地理学发展的一条重要途径。后来，因国家政治和经济形势变化，虽然区域规划和城市规划工作几乎停顿了将近二十年，但他和研究室的同事们并没有停止过工业布局与城市发展的研究。1976年，他们在冀东从事工业布局调研时，恰逢唐山大地震，于是被邀参加国家建委直接领导的唐山震后重建规划工作。他们对城市重建布局调整的见解不凡，深得建委领导曹洪涛和城市规划大家吴良镛、王凡和周干峙等人的赞赏。从此我们与国家建委和城市规划界建立了密切的联系。

1979年，胡序威先生接受国家建委的委托，承担了“辽宁中部工业与城镇集聚区整治综合研究”，我有幸参加了这个工作组，得到直接向他和同事们学习的机会，领会这方面的科学观念，探索区域开发建设的合理途径。不久后，1982 ~ 1984年，胡先生又承担了国家计委委托的全国国土规划试点工作——“京津唐地区国土开发整治综合研究”。我又有机会直接学习他区域开发的观点和研究工作的方法，以及团队的组织工作经验。胡先生的学术造诣和他善于组织、团结同事、调动大家积极性、集思广益的工作作风，使我在学业上和处人处事方面都得益匪浅，终身受益。

三、村镇研究，开放合作收获新识

我的城市聚落的研究是从规划农村居民点起步的。在苏联的大学里，我原来学的专业是土地规划（土地整理），对其中的农村居民点规划感兴趣。1961年，我以在乌克兰国家农村建筑工程设计院参加生产实习时收集的资料，完成了我的毕业设计——《基辅州窦密尔区红旗集体农庄中心镇规划》。苏联土地资源丰富，集体农庄／国营农场的规模本来就很大，而到了1950年代后期，为了更好发挥农业机械化作业的优势，进行农业企业和农村居民点的合并后，规模更大了。集体农庄中心村镇建设要提高农村的生产和生活服务设施水平，其建设规划包括行政中心公共服务区、居住区、生产设施区（有农机库与维修车间、各种饲养场、苗圃等等）和街道设计。各种用房可从国家乡村建筑设计院制作好的标准样式中选择，规划者按建筑物的单体平面图配置，注意保留安全或卫生的间距就可以了。

“文化大革命”后，我回到经济地理室，虽然定了城市地理研究方向，而接受的第一个任务却是村镇调研，为农业现代化建设服务。1978年，中科院选定了两县准备推行农业现代机械化试点建设，石家庄市郊的栾城县是其中之一。我们研究所承担了该县的“农业资源与农业区划研究”。我和孙俊杰调研该县的居民点分布与建设状况，几乎走遍了全县各个村镇。那里自发形成的村庄分布较密且散乱，不利于形成机械作业要求的大田块；并且村庄大多规模很小，缺乏公共服务设施；甚至为了节省接通电源的投资，一些刚刚起步的乡镇企业还散建在田间地头，更阻碍了农机通行。我们在调研后，根据“山、水、田、林、路、村统筹规划”的要求，提出了逐步调整农村居民点布局，适当扩大村镇规模的方案，以便为新村建设中适当提高农村公用设施建设水平提供参考。我们以本县一些村庄建造简易自来水设施的成本为例，说明人口规模越大的村庄户均投资越省的实情，说明并村建大村的社会经济效益好；我们还发现按规划建设的村镇比同等规模的自然村节省用地，并且还有利于公用福利设施的建设；此外，我们根据全国各地农户自留宅基地面积的大小是以当地土地资源多寡而定的情况，建议合理确定当地新村建设使用宅基地的面积。

1979年，全国第一次农房建设工作会议在青岛崂山召开，我们提交的论文——《为实现农业现代化开展农村居民点地理研究》，表述了我们在栾城县的工作成果，文章得到了大会的重视。当时成立中国建筑学会村镇建设学术委员会时，我被选为该学委会的理事。

我在农村城镇化研究方面收获最大的一次是参加了“中国沿海地区农村人口转移和小城镇发展研究”项目。这是当时在北京任职联合国人口活动基金会驻华副代表的拉奎安（A. Laquian）先生提议的，联系我国8个主要人口研究单位（中国人民大学、中国社科院、南开大学、复旦大学、华东师范大学、北京经济学院、国家计委经济所的人口研究单位和我所的城市人文研究室）进行合作研究，并介绍我们申请到了加拿大国际发展研究中心（IDRC）的资助研究经费。调研范围包括从广东到辽宁沿海9个省市，在有关省市各选4个典型建制镇，对镇上的企业、人口、政府进行详细的问卷调查和统计资料分析。目的是为检验我国在实行以生产承包制为核心的经济体制改革的基础上，1984进一步提出促进乡镇企业发展和农村城镇化的政策措施（主要是允许农民务工、经商、办服务业，自理口粮落户集镇）实行的效果。

拉奎安先生是加拿大籍的社会学家，我们的工作方法、步骤，从拟定提纲到设计各种不同调查对象的问卷，他都亲临指导。我感到完成这个项目相当于经历了一期研究生课程，学到了现代社会科学的研究方法。同时，国际发展研究中心对项目的管理也是我经历的国内外科研项目管理中最好的，既严密具体，又不增加我们额外的工作负担。从我们申请经费额度、编写预算用度明细账目开始，到最终结题验收，其间在工作进展的每个阶段小结，项目管理员都每次必到。这样的国际国内合作使我感到比自己以往多次出国进修、交流、合作的收获都大。1980～1981年，我在荷兰国际航空航天与地学学院（ITC）城市调查系进修，学习了运用航片等遥感资料获取城市信息的技术，但那与我三十年前在苏联大学时代学习的航测技术没多大差别。在荷兰的那一年进修，主要是提高了英语水平，见识了现代化社会，扩大了视野。

四、寄语会友说愿望

现在，国家的发展形势要求我们做好城市规划，更要加强区域研究。如北京的副中心建设规划是在京津冀一体化发展研究的基础上确定的，粤港澳大湾区发展规划区内有更复杂的社会经济体制与结构关系，海南省的自由贸易港建设还要考虑更广泛的国际区域经济联系。国内许多待规划的城市集群建设，都要求我们扩大视野，深入研究区域，进行区域规划。

近年来，在我国“一带一路”倡议推动下，仅中（国）欧（洲）专列行车线上的中外许多城市已明显感受到了国际经贸发展带来的发展机遇。我国内地有关的铁路运输枢纽城市也要估量新增的国际促进因素。因此，我们的世界地理研究要跟上发展的需求，我们城市与区域地理研究工作者，除了追求学术理论与方法的创新外，对外国的主要城市和经济区也要研究，及时贡献外国国家地理研究成果，包含有深度分析与评论的著作。

我国经过 40 年来的改革开放与发展，进步也体现在城市之间、城乡之间的关系越来越密切。城市规划更要重视区域问题，以区域规划为前提。所以，许多城市发展战略以 50 公里为半径，把周围许多城镇联系起来，进行城镇体系规划。

在城市化发展水平较高的地区，城乡问题错综复杂，城市规划应深入顾及乡村。城市规划要使城乡居民都有安居乐业的建设环境！乡村居住区水平的提高也是城市化发展的体现，是城市化质量的提高。城市化发展程度最高的国家也没有消失乡村聚落，将来也不会。所以我们始终要关注乡村建设，乡村地区是城市发展的环境依托。以城市带动乡村，乡村发展要更好地结合城市发展的需要。况且我国现行体制下的城乡二元结构对我国城市建设和管理是有利的。因为我国农民的土地集体所有制保证农民在家乡持有土地使用权，即使农民到城市谋生不成功，还可以返乡务农。这样，城市就可避免出现大量无业无地的游民和糟糕的贫民窟。所以有人称城市为我国经济社会发展的“助推器”，乡村是我国现代化发展的“稳定器”。我们也要使“稳定器”稳定发展。在我国体制改革逐步深入、农村经济结构不断调整的过程中，农村地区的社会经济功能越来越多样化，除了乡村工业区、城郊农业区以外，观光农业区和旅游休闲区等等也在不断涌现。城市和区域规划中的乡村因素越来越丰富了！新情况促使我们的工作要有所调整与发展。

就区域规划与城市经济学术委员会来说，这里是我们同业者合作交流的平台。学委会聚集了建筑、地理、经济、社会、生态等多方面的学者和各类工程专家，还有艺术家。城市地理研究与城市规划工作有诸多交叉与重叠，几十年来，城市地理的研究成果为城市规划提供了一系列理论依据。今后为了城市的发展和建设，我们不同专业的人士还要在这个平台上进行更广泛的交流，不单要解决实际问题，还应力图实现学科创新发展！习近平主席2018年在北大120周年校庆时曾提示我们要下大力气组建交叉学科群，加强学科之间的协同创新。有的有识之士也指出，不同相关学科的结合是“边缘创新”的自组织空间。愿我们这个广纳贤士、团结协作的好平台不断绽放出鲜艳的奇葩来！

地理学在城市规划中应用的几个案例

董黎明

作者简介

董黎明，1938年10月生于广西柳州。1956年进入北京大学经济地理专业学习。1961年留校任教。多年从事城市规划、城市土地利用和土地评价等教学和研究工作。曾当选中国土地学会副理事长、中国房地产估价师学会副会长、中国城市规划学会理事等。2001年退休后作为住房和城乡建设部城乡规划司特邀专家，参加过80多个城市和10多个省（自治区）的城市总体规划、省域城镇体系规划。

“文化大革命”后期，我作为北大经济地理教研室的青年教师，与其他老师先后到国家建委与北京、邯郸、呼和浩特、包头、淄博、开封等市的规划、城建部门进行调研，在此基础上确定城市规划作为经济地理专业重要的发展方向。1974年冬与北京市规划局在郊区平谷县联合办城市规划短训班，北大参加培训的老师有仇为之、魏心镇、杨吾扬、董黎明、周一星等，规划局派王东、罗庭栋等人参加。短训班采取边讲课、边开展平谷县城总体规划的方法，进行“练兵”。1975年首次招收了经济地理（城市规划）专业的工农兵学员，当年还独立承担了河北承德市城市总体规划的编制任务。如果从这个时间节点算起，北大地理系步入城市规划领域已有40多年的历史。办学之初，一些规划界的前辈曾质疑地理专业是否能在城市规划中发挥作用？地理系培养的学生能否承担城市的规划管理工作？长期的探索实践表明，地理学能够在城市规划多个领域发挥其专业特长；地理系办规划专业，只要打下必要的城市规划基础，补齐专业短板，增加必要的建筑、工程设计内容，完全能为国家培养具有地理特长的城市规划人才。以下通过回顾经历的几个案例来说明这一问题。

一、关于承德市城市性质的争论

1975年夏，经国家建委城市规划处夏宗玕同志推荐，北大地理系以侯仁之教授为首的6位老师——仇为之、魏心镇、张景哲、董黎明、周一星，承担承德市城市总体规划编制的任务。根据不同的专长，侯仁之先生侧重从历史地理的角度，分析承德城市发展演变的过程，确定城市的性质和发展方针。通过大量文献资料和实地勘察，发现承德的形成发展与清朝康熙、乾隆等帝王营造的行宫——避暑山庄、外八庙有密切的关系。这座清朝风景秀丽、规模宏大、建筑风格独特的大型皇家园林，其功能除了供帝王休憩避暑之外，有好几代清帝夏季在此处理朝政，接见国外使节和少数民族王公贵族。当时承德的地位相当于仅次北京的第二政治中心，具有极为重要的观赏、研究和保护价值。“文化大革命”前期，由于城市规划被取消，许多重要文物古迹受到严重破坏，避暑山庄内竟然盖上了部队医院和地方领导人居住的房屋。为了避免如此重要的国家历史遗产再次遭到破坏，规划要求占据避暑山庄的单位立即搬出；根据承德形成的历史地理环境及今后在全国应发挥的主要作用，本次规划将承德的性质确定为社会主义风景城市。当时因顾忌发展旅游的提法被理解为“游山玩水”，未将其列为城市性质。这一定性，得到国家建委规划处的肯定。

1976年7月26日，河北省建委在承德市召开城市总体规划评审会，教研室派侯仁之先生与我汇报规划成果，到会的还有原国家建委城市规划处王凡副处长。评审过程中争论最为激烈的是有关城市性质的提法。以国家文物局为代表的一方从避暑山庄的价值及保护的角度出发，支持北大对城市性质的认定。以河北省建委为首的一方则认为，“为了扭转历史上承德是一个为帝王服务的消费城市的弊端，承德的性质应是社会主义现代化的工业城市，中华人民共和国成立后北京发展了大量现代工业，就是为了改变封建社会消费城市的性质。其次，发展风景旅游，与封、资、修没有本质差别，与“文化大革命”的精神格格不入，不能作为承德今后发展的主要方向”。会上我也作了针锋相对的补充发言，强调两点：“其一，社会主义风景城市是为广大人民服务的，中华人民共和国成立后国家把封建帝王的北京城变成了我国的政治中心，北京故宫、天安门广场经过改造成为全国人民向往的中心，就是一个很好的例证；其二，城市性质是城市本质的特征，避暑山庄在国家的地位是承德市其他职能无法取代的，承德的工业职能在河北省的地位并不重要”。正当双方辩论尚未取得一致意见的时候，7 月 28 日唐山发生了大地震，承德震感强烈，与会者被转移到公共汽车上过夜，这次会议尚未开完就被取消了。

实践是检验真理的标准。当年这场争论虽然对城市性质没有最后的定论，1982 年国家公布我国第一批历史文化名城，承德市赫然在列；在其后编制的城市总体规划中（1995 ～ 2010 年），承德的性质被表述为“国家历史文化名城和风景旅游城市”。2017 年，承德市接待游客达到 5475 万人次，旅游收入 593 亿元，同比增长 34%，已成为河北省旅游业发展最具活力和增长速度最快的城市。以上事实表明，对承德市城市性质的认定已画出了一个完满的句号。

二、参加城市发展方针的讨论

1980 年 10 月，原国家建委召开“文化大革命”后的第一次城市规划工作会议。会上我有幸听到谷牧副总理的重要讲话。这次会议的主要成果是制定了我国“严格控制大城市规模，合理发展中等城市，积极发展小城市”的城市发展方针。会后国家建委有关部门组织学界和规划设计部门对“城市合理规模”进行研究。由南京大学地理系吴友仁先生牵头的研究团队，通过调查和分析研究，认为城市人口合理规模的门槛是 20 万～ 50 万人的中等城市。根据这一研究结果，中等城市的发展也受到国家重视，1990 年召开的全国城市规划工作会议上便将“三句话”的城市发展方针改为“严格控制大城市规模，合理发展中等城市和小城市”。

鉴于城市人口合理规模和据此制定的城市发展方针涉及城市发展的重要战略决策，必然引起城市规划界的广泛讨论。北大地理系的老师们也不例外，董黎明、胡兆量、周一星从 1980 年代先后发表文章，从地理学的视角对此进行研讨。1982 年 12 月，在北京召开的“全国城市发展战略思想学术讨论会上”，不少地理学者对严格控制大城市规模提出了不同的看法，我本人撰写的《研究城市地域差异，因地制宜拟定城市发展方针》一文，从我国千差万别的地理环境和大中城市地理分布的不均衡性出发，反对城市人口规模超过 50 万就必须控制。指出中西部地区如果没有大城市的带动，将无法改变广大地区相对落后的面貌；而东部地区像淄博这样布局分散的“大城市”，也无控制的必要。与会的南京大学崔功豪先生在《我国城市特点及其发展途径》一文中指出，“由于自然、经济、历史条件的差异，我国城市有多种类型和不同的特点，因此，城市的控制和发展，不能以其现有的规模大小为依据”。中科院地理研究所胡序威先生在《我国城镇化问题浅议》的论文中强调，“对控制大城市不能一刀切，对大城市的发展要按照其客观规律因势利导，合理布局”。此次讨论后，胡兆量 1984 年在《城市问题》发表的《大城市发展规律》以及 1986 年在《北京大学学报》发表的《大城市的超前发展及其对策》两文，指出大城市的发展有其自身规律，不应一概控制发展。周一星 1988 年在《城市规划》杂志发表的《对我国城市发展方针的讨论》一文中，明确反对以城市规模作为具体指导城市发展的方针，指出不应把控制施加于大城市、将发展赋予中小城市。

我国城市化的进程表明，在以投资为主要驱动力的市场经济条件下，大、中城市以其雄厚的经济基础、完备的基础设施、优质的教育、科技资源和高素质的人才等优势，吸引着大量的投资项目和外来人口，北京 1980 年代编制的总体规划确定城市人口规模不超过 1000 万人，当前常住人口已翻了一倍有余。当年认为规模适中的“明星”城市，如苏州、无锡、常州、烟台等，现在早已突破原有“合理”规模发展成为大城市和特大城市，表明大中城市扩大规模有其必然性和合理性。另一方面，我国小城市乃至小城镇在发展过程中若不加控制，也会出现不少问题，如盲目开发、无序发展、拉大架子、污染环境、对土地资源造成巨大浪费等等。表明小城市在积极发展的同时，也需要在发展中加以控制。总之，城市不论规模大小，都存在发展与控制的两个方面。

三、城市气候在用地布局中的应用

城市规划的图纸，通常根据风向频率的大小绘制风玫瑰图，用于城市工业用地的选择，旨在减轻具有大气污染的企业，如火电、钢铁、化工、水泥对居住区的污染。1970 年代初，杨吾扬先生与我到北京市规划局调研时，发现传统的城市用地布局原则是：“居住区应布置在城市主导风向的上风，工业区布置在主导风向的下风”。根据我国季风气候特点，我们对这一基本原理提出质疑。依据是近代城市规划源于欧洲，其气候特点是全年盛行西风，只有一个主导风向，因而主导风向布局原则是根据欧洲的气候特点制定的。我国位于东亚季风气候区，全年有两个风频相当、但风向相反的盛行风向，即冬季盛行偏北风，夏季以偏南风为主。通过数十个城市的气候资料分析，证实我国与欧洲风象存在很大的地域差异，“上风、下风”的布局原则不适用于我国的城市规划。当城市有南、北两个主导风向时，冬季北风的上风侧恰好是夏季南风的下风侧，夏季情况相反。居住区按主导风向原则，无论摆在哪个主导风向的上风，都会遭到严重污染。针对我国季风气候的特点，我们提出依据最小风频原则，将居住区布置在最小风频的下风侧，全年受到污染的机率最小。此外，在河谷盆地静风频率很高、风速很小的地区，因大气扩散条件差，工业无论摆在那个方位，都会使城市遭到严重污染，属于这类地形、气候的城市，对大气污染严重的工业不宜在城市中布置，应摆在远离城市的郊区。根据这项研究结果，我们撰写了题为《关于风象在城市规划和工业布局中的运用》《盛行风向与城市布局的关系》等论文，分别在《中国科学》（1979 年第 11 期）和《城市规划》（1978 年第 5 期）上发表；此后，同济大学主编的《城市规划原理》（第二版），也将该项成果编入教科书。

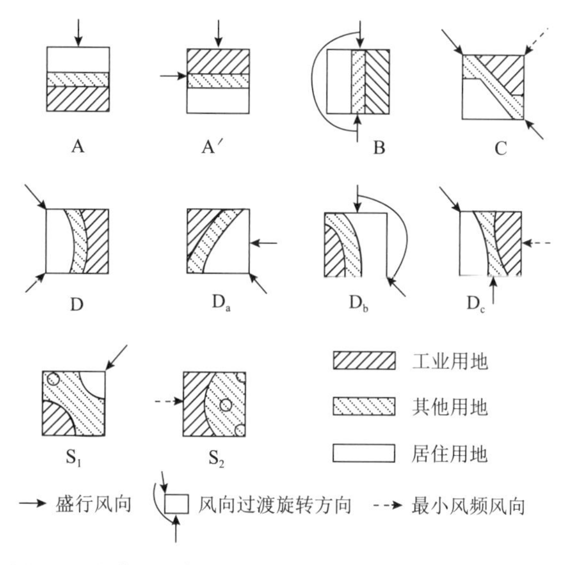

图 1　工业与居住按最小风频布置图示

（图片来源：同济大学，《城市规划原理》第二版，60 页）

1970 年代末～1980 年代，北大地理系关于湖泊、绿地对城市气候调节作用的研究，也受到规划界的广泛重视。1978 年北大承担芜湖市城市总体规划时，由张景哲教授牵头的城市气候小组，通过两次城市气温的实地观测，发现水面只有 15 公顷的镜湖公园在城市 21 个观测点中气温最低，比市中心建筑密集区低 1.5 摄氏度左右。这一结果表明人口密集的中心城区适当增加绿地、水体面积，可以改善城市小气候，削弱热岛强度。鉴于这项研究对减轻长江沿岸城市夏季高温的影响具有重要应用价值，立即引起城市规划部门的重视，与芜湖相邻的马鞍山市的规划部门迅速前来与我们交流，特别关注该市水面 50 公顷雨山湖对小气候的调节作用。这项成果也被同济大学主编的《城市规划原理》（第二版）纳入，作为教学内容。此外，1980 年代北大城市气候研究小组还分别在北京、承德、巢湖等地研究了公园绿地和湖泊对改善城市气候的作用。对天安门广场的石面、草坪、树荫三种不同的下垫面的观测数据显示，三类地面的最大温差达到 5 摄氏度。这一研究成果——《从小气候看天安门广场的绿化》在《建筑学报》（1982 年）发表后，立刻引起北京有关部门的重视。不久，天安门广场发生了一些变化：原有的部分观礼台和花岗石地面被改成小片花卉和绿地。

四、城镇体系规划的探索

地理学加入城市规划后，业界同行逐渐认识到，城市不能脱离区域孤立存在和发展。分析城市性质、规模，乃至产业布局，不能就城市论城市，应从一定的区域范围出发，研究周边区域城镇之间的相互关系。1980 年代恰逢国家为了发挥中心城市的作用，采用“市带县”方法，扩大了城市的行政管辖范围，这一改革举措，为市域城镇体系规划的探索和实践提供了有利条件。

1985 年北大地理系应邀承担了济宁市城市总体规划编制的任务，规划分两部分进行：周一星、魏心镇等负责市域城镇体系规划的编制，我与其他老师负责编制中心城区的规划。两组相互配合，同步进行。规划最大的亮点是认识到中心城市济宁经济实力较差，又不位于京沪铁路干线之上，处于“小马拉大车”的尴尬地位，无法带动市域城镇的发展。另一方面，位于铁路干线上的兖州、邹县分别是全市制造业和能源生产中心，两城与济宁相距只有30多公里，形成三足鼎立之势，如果将三城有机组合在一起，构成职能分工不同的金三角，就能更好地带动市域其他城镇的发展。这一规划方案不仅受到当地政府的赞赏，当我们向建设部规划司汇报时，也获得司领导对市域城镇体系规划的肯定和重视。1986年夏，温州市在完成城市总体规划的编制后，又邀请北大地理系编制市域城镇体系规划，由系主任胡兆量和我牵头。完成初步成果后，建设部规划司赵士修司长和李秉仁处长从北京赶赴温州听取汇报，该项规划再次得到地方和部里肯定。在当年兰州举行的全国城市规划工作会议上，我作了有关城镇体系规划的发言。1987年城市规划协会委托北京市规划研究院在京举办城市规划培训班，我应邀为来自各地的学员讲授城镇体系规划编制的方法和内容。此后，城镇体系规划逐渐在全国各地铺开。经过多年不断的探索与实践，城镇体系规划趋于成熟，建设部先后颁布了《城镇体系规划编制审批办法》（1994-08-15）和《省域城镇体系编制审批办法》（2010-07-01），表明城镇体系规划已成为我国城乡规划编制体系重要的组成部分。

在我国国土规划和区域规划长期缺失的情况下，城镇体系规划在市域人口、城镇化预测、城镇布局以及区域基础设施建设等方面，填补了这两项规划的部分内容，在制定区域空间发展战略等方面发挥一定作用。例如，济宁市在1985年版市域城镇体系规划的基础上，先后又邀请北大周一星、冯长春等老师研究济宁市的空间发展战略，进一步落实“济—兖—邹”金三角地区发展的战略构想。温州市域城镇体系规划运用区位分析的方法，提出市内三条江河——瓯江、飞云江、鳌江的出海口是城市发展最有利的生长点，据此将温州东南的龙湾区、瑞安县城和龙港、鳌江镇作为重点建设区。经过30多年的发展，当年规划的预期目标已基本实现：位于鳌江口的龙港镇已由过去的小渔村发展成为40多万人的大镇，与其一江相隔的平阳县鳌江镇，常住人口也达到30万人，远远超过一般城镇的人口规模。位于飞云江口的瑞安县城经过快速发展，已由县城上升为县级市，城市常住人口突破100万，城市综合实力（2015年）居全国百强县12位。温州市中心城区根据城镇体系规划的战略意图，1990年代之后城市发展逐步向瓯江口东移，随着龙湾国际机场、七里港、龙湾港以及金（华）温（州）铁路等重大区域基础设施的建设，位于瓯江口的龙湾区已成为温州最大的综合交通枢纽和外贸、物流中心。此外，1988年北大承担的广西玉林地区城镇体系规划，其空间战略构想也得到了实现。当年规划通过区域分析，发现玉林地区实际拥有两个中心，即玉林市和贵县，无论在历史文化、腹地范围、城市职能等方面，两者都存在很大差异。考虑到贵县是西江重要的河港和广西制糖工业基地，用地条件良好，具有广阔的发展前景，规划建议撤县设市，培育贵县成为新的区域中心。经过短短7年的发展，1995年贵县由县城、县级市一跃升格为地级贵港市，并成为华南地区最大的内河港口。玉林城镇体系一分为二之后，更利于发挥两个中心城市的作用。

在实践过程中，由于体制等方面存在的诸多问题，城镇体系规划实施的难度颇大。例如从区域地理学的观念出发，一定地域范围的城镇群体，其职能需要有合理的分工，才能充分发挥比较优势，避免重复建设和浪费资源等弊端；同样，城镇群体规模大小也要有一个相对合理的结构，不可能每个市镇都要发展成大城市。上述基本原理和城镇体系规划“三个结构”的基本内容并无错误，因其他原因在实施中遇到问题，不能说明内容无用，遗憾的是有关城镇职能结构、等级规模结构等城镇体系最基本的内容最后仍被逐渐淡化。实际上，管理体制混乱、多部门相互交叉发生冲突等问题，同样使城镇体系规划空间资源管控（土地、河湖水系、森林、生态环境）等内容难以落实。今后需要通过体制的改革和相关法规的进一步完善，来使我国城镇体系规划发挥更大的作用。

五、区位论在城镇土地经济评价中的应用

计划经济时期，由于土地产权属于公有，在理论上否认城市土地具有价值和地租，导致土地使用造成巨大浪费，城市中心许多黄金地段被机关大院、部队，甚至工业占据，用地布局很不合理。1980年代初，我国推动了土地使用制度的改革。在理论探索期间，我、胡兆量和中国城市规划设计研究院的宋启林先生一致认为土地的价值是客观存在的，只要实现土地所有权与使用权分立，土地使用者就应向国家缴纳地租。在相关理论的推动下，1987年全国城市开始收取土地使用费，并规定这笔经费要用于城市基础设施建设；深圳市则率先试行土地有偿出让的改革。当时需要进一步探讨的问题是，城市土地的质量和价值千差万别，如何将价值不同的土地进行分类，根据土地的级别收取使用费和有偿转让。为此，北大城市土地利用团队通过巢湖市、海南五指山市城市规划以及厦门、南平、天津、黄岛等城镇土地分等定级的探索，以区位论和地租理论为导向，总结出一套土地经济评价的理论方法，为城市土地使用制度的改革以及土地的合理利用提供依据。

众所周知，以往的规划用天文、数理的方法——经纬度确定城市或某块土地的位置，并不能揭示城市之间和不同用地之间本质上的差别。从经济地理学的角度看，区位条件才是对城市发展、土地价值具有重要影响的因素。区位是指事物所在位置与周边区域环境的相互关系。对城市而言，区位的基本要素包含城市所在地域的资源条件、社会文化与经济基础、内外交通条件、基础设施水平、与周边中心城市社会经济联系的程度等。同样在城市内部，区位条件优越的土地，必然位于商业繁华、交通便捷、基础设施和服务配套设施齐备、环境质量优越的地段。所以房地产估价行业形成了一个共识，“决定地价的因素第一是区位，第二是区位，第三还是区位”。运用区位理论，

我们设置了商业繁华度、交通通达度、基础设施完备度、环境质量优劣度等 4 个基本因素，通过实际调查的数据将其量化，用加权叠加的方法评分，揭示出城市不同地段土地质量和地价的差异，最终划分为不同等级的基准地价区域。这一成果在土地出让、转让过程中为城市按不同等级土地制定地价标准提供了重要依据。

同样，城市土地价值的分布规律在城市规划中也得到广泛应用，促使我国城市土地空间布局进一步优化：当前地价最高的黄金地段，已被地价承受能力最强的金融、商务功能占据，逐渐形成中心商务区；占地面积大、土地产出率低的工业、大专院校，通常被转移到地价较低的城市边缘或郊区。“窄马路、密路网”的规划理念，除利于交通疏导外，对提高中心城区土地使用的经济效益也有重要意义。控制性详规确定地块的用地性质、容积率、建筑高度等控制指标时，不同地块的土地价值已成为重要的影响因素之一。

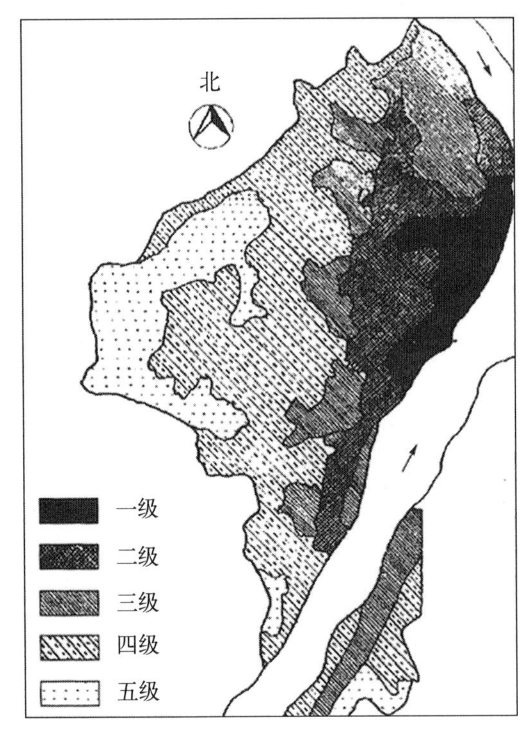

图 2　南平市土地等级
（图片来源：董黎明等. 南平市城镇土地等级的划分. 城市规划，1990，5：18-22）

以上提供的案例只是地理学在城市规划应用的一个很小的缩影。我国还有许多地理工作者和院校在培养城市规划人才以及在城市发展战略、城镇化、城乡一体化、空间规划体系、城镇群、城市生态环境等方面的研究上，为城市规划作出应有的贡献。改革开放后，正是包括地理学在内的许多学科加入城市规划的行列，才使得我国的城市规划呈现出百花齐放、欣欣向荣的景象。

我国国土规划工作的回顾和展望

徐国弟

作者简介

1938年11月生，上海人，1963年毕业于同济大学建筑工程系。长期从事基本建设、生产力布局、城市和区域发展、国土规划和区域政策、国土立法工作和研究。历任国家建委、国家计委处长，高级工程师，国家发展和改革委员会国土开发与地区经济研究所所长、研究员。曾参与《全国国土总体规划纲要》《国土规划编制办法》《全国非农业用地计划编制办法》以及《长江三角洲及沿江地区综合开发规划》等工作，主持“中国地区经济协调发展研究”“我国战略重点地区布局研究”“长江经济带综合开发研究”“环北部湾地区综合开发研究”“我国沿边地区开发开放战略研究”“我国国际河流开发利用和国际合作的基本思路研究”等课题。

我国改革开放伊始，党和国家就把搞好国土整治的工作提到了议事日程。1981年4月2日，中共中央书记处作出了“要把我国的国土整治好好管起来”的决定。中央指出，国土整治的领域，包括“土地利用，土地开发，综合开发，地区开发，整治环境，大河流开发。要搞立法，搞规划。”当年10月，国务院指出：“在我们这样一个大国中，搞好国土整治，是一项重大任务。”国务院明确，国土整治工作范围很广，涉及广大农村和城市，同农业、林业、水产、水利、工业、交通、地质、海洋、气象、科学研究等都有密切的关系，必须充分发挥各有关部门和各有关地区的作用，通力合作，才能搞好。国务院明确国家建委要把国土整治作为全委的重要任务，同时发挥当时由国家建委代管的国务院环境保护领导小组办公室、国家测绘总局、国家城建总局、国家建工总局等在国土整治方面的作用。对国家建委来说，国务院还明确，主要抓组织、协调、规划、立法、监督五方面的工作。改革开放 40 年来，由于国家机构改革等原因，我国国土整治工作的主管部门先后有国家建委、国家计委和发改委，以后又由国土资源部主管或协同管理。

“国土整治”的用词，是与西欧发达国家相似的，例如法国的“领土整治”。国土整治含义既有开发、利用，又有治理、保护。

国土整治工作的核心，对于主管部来说，首先是要组织编制好国土规划。在国家建委、国家计委（发改委）主管国土整治工作期间，曾先后组织编制了部分地区的国土规划，其中包括以上海为中心的长江三角洲的经济区规划，以山西为中心包括内蒙古西部、陕北、宁夏、豫西的煤炭和重化工基地的经济区规划，京津唐地区国土开发整治规划纲要，修订长江中下游、黄河中下游、淮河、珠江、辽河、松花江以及海河和滦河流域的综合整治规划。此后，我国几个时期的五年计划，都明确了国土整治规划、国土立法的主要任务。应该说，近 40 年来我国在国土整治工作方面做了大量有效的工作。与此同时，基本上弄清了我国国土资源的基本情况，编印了全国和各省区市、计划单列市的第一次国土规划，组织调查了我国海洋、海岸带情况，协助有关部门制定了土地、水资源等专项法律。经过多年的努力，为我国进一步开展国土整治工作奠定了一定的基础。

1985 年，国务院要求国家计委正式组织编制《全国国土总体规划纲要》，此后又经历了几年的时间，七易其稿，经过有关部门、各省区市的审议，提出了《全国国土总体规划纲要（草案）》，后经各方面反馈的意见，组织有关方面和科研学术专家审议，最后于 1990 年 7 月提出了《全国国土总体规划纲要（草案）》，发送国务院有关部门以及各省、自治区、计划单列省辖市征求意见。这一草案稿，可以说是我国第一部全国国土总体规划的版本。

《全国国土总体规划纲要（草案）》，共分九个章节，包括：我国国土资源的基本特点和开发条件；国土开发整治的目标；国土开发的地域总体布局；综合开发的重点地区；基础产业布局；国土整治与保护；国土开发中几个问题的对策；有待进一步研究的若干问题；规划纲要的实施。

可以说，上述《全国国土总体规划纲要（草案）》，对我国国土资源作出了科学的综合评价；提出了我国21世纪初期国土开发整治的目标和展望；规划提出了我国国土开发的地域总体布局，其中包括三大经济地带、全国开发布局轴线、综合开发的19个重点地区、我国的城市格局、特殊地域——涵盖环国境线重要城镇和口岸开发建设、海岸带海岛和渤海的开发布局方案；在国土整治与保护方面，就我国大江大河的防洪、水土流失的防治、国土沙漠化的防治、自然灾害防治、环境保护以及建立自然保护区等方面，提出了基本规划构想。对我国耕地不足的问题、水资源供需平衡问题、人口的地域分布和就业问题、城市化问题，提出了初步的对策方案。对新上海的开发问题、海洋资源开发利用问题、长江沿岸地区生产力布局问题，提出了要进一步研究对策方案的建议。

需要解释的是“国土整治”这个词，中国文化中以前没有出现过，因此一开始大家不太理解、习惯这个词。“国土整治”这个词是改革开放以后，从欧洲引入的。当时国务院有关领导对西欧进行了工作访问和考察，法国的领土整治和德国的国土整治，引起了领导的注意，对法、德的领土（国土）整治工作成绩表示了肯定，后来就逐渐引用到我们的工作之中。其实，世界上许多发达国家和地区都开展了这方面的工作，只是用词不尽相同。例如，日本把国土整治称为“国土开发”，并陆续编制了5部国土综合开发计划，并设立了国土开发的主管部门国土厅。我国台湾省行政院经济建设委员会，在1995年也编制完成了一部“迈向 21 世纪的国土规划”——《台湾地区综合开发计划》。

我们对“国土整治”这个词的理解，比较一致的意见是，其内涵包括国土开发、利用、治理、保护 4 个方面。国土总体规划的核心是正确处理和明确我国国土建设的生产力合理布局、国土资源综合开发利用和全国生态环境的治理与保护 3 个方面。各个国家和地区，由于国情、区情的不同，可以各有所重，并可增加新的内容。我们编制和提出的《全国国土总体规划纲要（草案）》，是根据当时的国情，特别是规划期内我国实际可能的国情编制完成的。并指出，随着国家建设的发展和科学技术的不断创新，在适当的时候应该对国土规划作出调整或组织编制新一轮国土规划。

对于“国土”这个规划主体，各国的理解和赋予的认识也有所不同。我国的“国土”是包括我国自然资源、经济资源、社会资源的总称。日本对“国土”这个词的解释学术性较强，将之理解为：“上下两千年，大约五亿日本人创造的总积累”。法国不直接使用“国土”这个词，而是用“领土”和“领土整治”，这是因为法国的领土整治，不仅包括法国的本土，而且包括其海外殖民地。

我国的国土整治问题是一项长期的战略任务，不可能在短期内完成，需要我们今后长期的努力，才能使我国的国土面貌得到根本性的改善。展望未来，我国应不断加强和改善国土整治工作。从国际上看，国土整治工作也有阶段性、侧重性的特点，机构的设置也在不断地进行适应性调整。例如日本，几十年来已经编制了 5 次国土综合开发计划，这是他们根据国土整治分阶段和时代性的特点而作出的安排。在机构设置方面，日本也不断作出调整。以前日本在内阁中设置了国土厅来主管国土整治——他们称为国土综合开发工作，现在日本在内阁中设置了国土交通省来主管国土综合开发，即国土整治工作。我国也可以根据新的发展情况，适当调整国土整治工作的机构设置和任务，并编制新一轮的国土总体规划纲要，我国国土整治的任务和现行的机构设置情况显然是不相适应的。目前，我国国土规划工作的主管部门是自然资源部，在发改委内主要涉及地区司、规划司和国土开发与地区经济研究所等部门。

根据党的十九大报告提出的任务和要求，特别是2020年全面建成小康社会，2035～2050年基本实现现代化，即“两个一百年”历史交汇期的奋斗目标；根据我国“十三五”规划纲要提出的发展理念和全面建设小康社会的目标要求，我国国土整治的任务相当艰巨，必须编制好与实现新的建设中国特色社会主义任务相适应的全国国土总体规划纲要。因此，加强我国国土整治工作的任务是十分紧迫和相当繁重的。

值得指出的是，我们在编制新一轮国土总体规划时，应该重视影响我国国土整治全局的重大问题的研究，特别是科技发展、区域经济发展和重大国土整治工程建设的问题，统筹谋划相应的对策和举措。

一是科技发展。例如，由于互联网和高速交通网建设的发展与运用，已经影响到我国原来的城镇体系和形态的适应性，特别是商贸和人才的流通、聚集，现在城市的功能定位和规模结构都已开始发生变化。过去城市是朝着由小到大、由分散到集群的趋势发展的，对中心城市的房地产发展起到了巨大的推动作用。现在国外一些大城市的发展已经出现由聚集到分散的变动趋势。大公司的不少业务，可以由员工在远离公司的家里或其他城乡地区完成，通过互联网和视频的连接，许多工作完全可以像在同一大楼或办公室一样来完成。对员工来说，这样可以减轻上下班路途的辛劳和并使居住环境得到改善；对于公司来说，也可大大缩小办公室的空间，节省很多费用，何乐不为。由于快递业的发展，城市商品实体商店的空间也大大缩小。可以想象，今后城市的商业街、金融街、办公街，乃至城市住宅的规模都会发生很大变化，进而城市群的发展和规模形态也会发生巨大变化。因此，我们要对我国城镇化发展的布局和形态以及城市群的发展趋势都要有一个科学的预判，特别是对谋划建设新区的问题应特别慎重。

二是区域发展。我国“十三五”规划中提出，要推动京津冀协同发展，推进长江经济带发展，这是我国国土整治必须关注的重大课题。需要研究的是，如何建设好我国华北地区和长江沿岸地区的经济核心区问题以及中心城市的功能定位问题。

三是国土整治工程建设。有关方面研究提出，建设西部调水的问题即建设“红旗河”的问题，其规模与黄河年径流量相当，也就是说，要建设一条新的黄河。这是我国新一轮国土总体规划需要研究的重大课题。这项工程如果建设完成，沿线地区缺水的问题可以得到大大缓解，对沿线地区的产业布局、城镇建设和生态环境建设，都需要拿到国土整治的全局上来研究、决策，值得重视和期待。要实施此项工程的建设，也可能引起孟加拉湾沿岸地区的反应，也需要想好相应的对策。

全国国土总体规划，对中央提出的2020年全面建成小康社会，2035年基本实现现代化和2050年建成社会主义现代化强国的三大历史交汇期的有关问题，也需要从国土整治和国土规划的全局作好一定的研究，提出相应的国土整治目标展望。

关于城市地理学与城市规划的点滴追忆

许学强

作者简介

许学强，1939 年出生于湖北省公安县，1963 年毕业于中山大学地理系，后留校任教。历任中山大学地理系副主任、主任，地球与环境科学学院院长、城市与区域研究中心主任、港澳研究中心主任、珠江三角洲研究中心主任、中山大学副校长。1987 年任教授，1990 年成为博士生导师。1992 年后任广东省高等教育厅厅长、党组书记、中共广东省委高校工委书记、中共中山大学党委书记、广东广播电视大学校长、党委书记。2000 年任广东省高校设置评议委员会主任。1986 年后任广东地理学会理事长和名誉理事长。曾任中国城市规划学会常务理事、中国区域科学学会常务理事、中国教育学会副理事长、国务院学位委员会学科评议组成员、教育部高等学校地理科学类专业教学指导分委员会副主任。第九届全国政协委员。主要从事城市与区域发展理论、城市化、城市体系、城市与区域规划等方面的研究。

很荣幸应邀参与写回忆录。但因本人经历与水平有限，只能就自己及身边发生的小事做点零星和碎片式的追忆，希望能对“梳理城市地理学和城市规划发展脉络”这个伟大的工程添一点儿砖瓦。

一、寻找经济地理专业方向

（一）“文化大革命”中经济地理专业受到冲击

1963 年我大学毕业不久，在曹廷藩、梁溥等老教授们带领下参加广东省一、二级农业区划和东莞县级农业区划。我带着两位学生，几乎跑遍广东每个县收集资料。1965 年 9 月，国家在东莞召开全国农业区划会议，推广东莞经验。后来由全国地理界主持编制的农业区划成果被国家科委评为全国十大科技成果之一。1965 年我们还在曹廷藩教授带领下，应地方政府邀请参加广东阳江县（后改市）程村公社和遂溪县农业区划，参加湛江专区雷北地区农业区划和农业生产布局工作，部分老师参加广东英德县农业区划，其成果受到地方政府好评。

但是，好景不长。“文化大革命”把整个学校冲击得七零八落。在地理系，“地理无用，砸烂地理系”喊声一片，重灾区无疑是经济地理专业，老教授们挨批斗，专业也被称之为修正主义的产物。1971 年，中央提出“复课闹革命”，部分专业恢复了招生，如地理系地质专业、气象专业、水文专业的招生先后恢复，开始招收工农兵学员。而经济地理专业虽然教授多，师资力量雄厚，但没有被批准招生。我从“五七干校”回校，安排到水文教研室，跟着地貌学的黄进教授参加北江河道整治，在清远县（后改市）举办河道整治培训班。1972 年我作为水文专业的负责人，向第一届工农兵学员作专业介绍，讲述水资源的重要性和水文专业的前景。曹廷藩教授获“解放”后被安排在气象教研室。

经过一段时间折腾，终于恢复了经济地理教研室，老师们从四面八方又走在了一起。资历最浅、年龄最小的我被任命为教研室主任，曾祥章任支部书记，负责组织学习。这是我在学校行政管理体制中担任的第一个小小的职务。由于“文化大革命”还没有完全结束，“左”的影响仍很严重，大家个个心有余悸！大环境仍然否定经济地理专业。但是，我们这班人内部的“小气候”，却是不甘心经济地理专业就这样完了，总是抱有希望。“有希望就有动力，有动力就有希望。”那时候上班的大部分时间是开会，除学习《毛泽东选集》外，大家还在讨论经济地理专业方向的何去何从。

在讨论专业方向能否重新“获救”时，老师们觉得需要解决的一个重要问题，就是找到我们专业方向的对口用人单位，例如水文专业的对口部门，上有水利电力部，下有水文站；气象专业上有气象局，下有气象观测站；地质专业上有地质部，下有地质勘查队；而我们经济地理专业没有对口部门，毕业生没有出路，学校是不会同意我们恢复招生的。按理说，一所研究型大学培养学生不应以毕业生就业为主要导向，而是要重点培养学生们的独立思考和创新能力，把理论研究与创新应用结合起来，毕业时可以到许多部门工作，然而，在那个年代，进大学就是为了找份好工作。为此，我们决定兵分两路，调查研究，寻找出路。一是在校翻阅有关国外资料，了解国外发展动态；二是走出去调查研究，学习兄弟单位的经验，寻找哪些部门需要经济地理专业人才。

（二）了解国外动态，了解社会人才需求

外文资料的检索工作并不难，原因在于一是我校经济地理系是德国人创办，头两任系主任都是德国人，多任系主任都有国外求学背景，一直重视外文书刊的订购，外文书刊较全；二是老先生们都留过学，精通外语，仅王正宪教授一人就精通四门外语，曾翻译过 350 多万字的论文和专著。经过一段时间外文书刊的翻阅总结，我们的结论是乐观的，特别是计量地理和城市地理，在国外有很好的发展，增强了我们办好专业的信心。

与此同时，我们开展了经济地理人才需求的社会调查。开始，我们主要围绕“文化大革命”前我们做过的工作进行调研、总结和评估。先后到了东莞、江门、湛江等地，走访有关负责人和实际工作者，征求他们对我们以前工作的意见，了解这些方面的人才需求。回校后经集体讨论，大家一致认为，经济地理学在综合考察、农业区划、农业生产布局等方面的作用无可置疑，经济地理学是能够为农业生产服务的。但是，由于农业体制正在发生变化，逐步实行家庭联产承包责任

制，土地公有私营，原来农学相关专业的学生都难以就业，更无法接受经济地理专业的毕业生了。也就是说，在当时，经济地理专业把为农业部门培养人才作为专业毕业生就业的主要目标是无法实现的。

讨论中我们也主观想象，各级计划委员会（现在的发改委）是综合部门，与我们专业十分对口，应该需要经济地理专业毕业生。于是决定由系主任曹廷藩教授亲自带队到省计委调查。时任广东省计委主任的李建安同志接见了我们。李建安先后出任过广东省工业、交通、经委等部门的负责人，对我们专业也有一定了解。他听清楚我们来意后，客气却又十分肯定地说，按你们的专业知识结构来看，毕业生是适合到我们综合部门工作的，但计委这种综合部门的干部是要在有实践工作经验的人员中选拔的，一般不会从刚毕业的大学生中挑选。

（三）城市规划部门需要部分经济地理人才

天无绝人之路。我们深信，经济地理专业的毕业生一定可以走向社会，为社会服务。为此我们开展了更为广泛的调查。1973 年 5 ~ 6 月，系主任曹廷藩教授带领五个教研室主任先后到了上海、南京、北京、武汉等地，走访了有关高等学校、科研院所及省、部有关部门。曹廷藩教授除全面考虑各专业外，更多时间是带着我到与经济有关的综合、贸易、工业、交通、外交、城市规划等单位进行调查。所到之处得到的共同印象是，这些部门基本还处于半瘫痪状态，谈不上要人的问题。凡是冠以“经济”两字的科研教学部门和其他社会科学单位一样，都是“文化大革命”重灾区，还处于“被批判”之中，根本谈不上需要经济地理专业毕业生的问题。外事有关部门希望我们研究外国地理，但还谈不上要我们的毕业生。不过有一个例外。

中山大学地理系经济地理专业 63 届毕业生（即我同班同学）有 6 位分配到建工部（后来其中一位任地区规划司副司长、一位任全国市长培训中心主任、一位调任浙江省建设厅厅长）。从谈话中了解到，他们对经济地理学为城市规划服务有着不同程度的信心。在他们引荐之下，我们拜访了规划司曹洪涛司长和王凡处长。他们热情地接待了我们，并说：由于前些年城市规划工作瘫痪，各地城市建设出现了混乱局面，部领导正准备抓一抓城市规划工作；中山大学分配到部里的毕业生表现不错，在各自的岗位上能发挥自己专业的作用；经济地理学能在城市规划工作中发挥作用，城市规划工作也需要一定数量的经济地理专业的毕业生！

这是多么鼓舞人心的消息！回校后立即传达和讨论。大家一致认为，城市规划主要解决城市发展和空间布局问题，具有很强的“综合性、政策性、区域性和前瞻性”，这与经济地理的学科特征完全一致，从理论上阐明了经济地理学可以为城市规划服务。从社会发展来看，随着城市化进程的推进，越来越多的农民会进城，城市经济在国民经济中的地位会越来越高，城市也越来越需要更多的专业为其服务。从国外资料也看到，城市地理学、城市经济学、城市社会学及公共管理等学科陆续成为城市规划队伍中的一员。因此，大家决定把为城市与区域规划服务作为经济地理专业的培养目标！

专业方向初步确定后，紧接着就是实践，为正式招收本科生作准备。实践包括学习、调查、具体参与编制城市规划、办短期培训班，进而制定教学计划、引进教师（必要的建筑、素描、工程、详细规划）、编写教材等等。

二、参加城市规划实践

（一）编制城市总体规划

1973 年，经反复联系，我系与广东省建筑规划设计研究院几位规划师一起组成一支规划队伍，编制湛江市城市总体规划，历时三个多月。这是一次真真正正的练兵，一次老老实实的学习。从跑野外、修改现状图、搜集整理资料、分析研究到作方案、绘图、写报告都是我们自己动手，没有助手，没有学生。特别值得一提的是，当时湛江市没有一张现状图，必须拿着一张旧图，走遍湛江每个角落，填补修改以形成一张反映真实情况的现状图，工作量极大。在工作中，我们有分工但不分家，独立行动与集中讨论并行，个人才干与集体智慧相结合。这样做既保证每一个人能学到更多的东西，又能保证发挥每个人的作用，提高规划成果的质量。

不负众望，这次规划成果受到充分肯定，对湛江市的发展起了重要作用。同时，通过实践充实了自己，大大增强了培养城市规划人才的信心。这次规划实践之所以能取得如此的成绩，一是依靠我们经济地理专业的背景，二是要感谢广东省规划院祝其浩、伍绍池、容宝琨及湛江当地的陈华福等规划师。此后，我们还参加了其他城市的规划编制工作。

在编制规划过程中，体会最深刻的是地理背景的我们和建筑背景的他们，由于专业素养不同，观察城市的角度、关注的焦点、思维的方式、动手的技能等方面都有互补性，因而这两种专业人士共同编制城市规划，是最佳组合，可大大提高规划的质量。这就是当时的认识！

（二）实地考察，搜集教学资料

湛江规划实践结束后，我和曾怀正同志到北京建工部汇报并搜集资料，返程中到保定、邢台、邯郸、岳阳等市学习这些城市的经验，搜集这些城市的规划资料。其中有个小插曲值得一说。当时经济很不发达，生活困难，物资紧缺。我有一位同学黎福贤在邢台任职，当我要离开邢台时，他送我一纸箱鸡蛋，大约100来个，我经邯郸、岳阳参观学习后，才回到广州。一路上上落落，颠颠簸簸，居然一个鸡蛋都没破损，真是奇迹！而我夫人到榕树头（即我家附近的菜市场）买几个鸡蛋提回来都要破一两个！

回校后，曾怀正、郑天祥、张克东、吴友铭及我五人又到湖南长沙、湘潭、株洲、冷水江、邵阳等市进行调查研究，搜集教学素材。所到之处都受到热情接待。特别是株洲的朱庆来科长，他是广东潮汕人，经验丰富，一直陪同我们，真是有求必应，有问必答，给我们提供许多有用的教学参考资料。到了邵阳，山坡上遍地黄花给我们留下非常深刻的印象。主人热情接待我们，带我们到水果加工厂休息，用水果罐头招待我们。也许因为生活困窘，多年没吃过这么多水果罐头，肠胃不适应，加上所坐货车的颠簸，结果大部分人要求停车拉肚子，出尽洋相！

（三）参加规划学会活动

参加城市规划学会的活动，广泛接触规划界，相互了解，相互学习，取长补短，促进学科间的深度合作，达到发展自我学科的目的。

1956年，由于国家对城市规划的重视，在中国建筑学会下成立了第一届城市规划学术委员会，当时没有地理界人士参加。后因政府决定“三年不搞规划”，规划学术委员会也停止了活动。直到1978年，我有幸参加了在兰州召开的中国建筑学会第二届全国城市规划学术委员会成立大会，并选为学术委员会的委员。同时参会的还有北京大学地理系的侯仁之先生，他任副主委，马裕祥、姚士媒、胡序威、崔功豪、魏心镇等选为委员。我们这些经济地理出身的规划战线上的“新兵”参加这样的大会是一个极好的学习机会，结识了许多规划界的朋友，特别是规划界的许多大专家，如吴良镛、任震英、金经昌、郑孝燮等等。后来，我有幸先后当了三届中国建筑学会城市规划专业委员会委员，两届城市规划学会常务理事（其中一届为二级学会）。

（四）参加课题研究和规划评审

最为典型的事例是关于城市规模问题的讨论。当时在学界对城市发展规模有不同的看法，国家关于城市发展规模的方针也有摇摆。1979年原国家建委科研立项“研究城镇合理规模的理论和方法”，在南京大学宋家泰和吴友仁先生的主持下，本着教学、科研和生产三结合的原则，组织了国内北京市等规划局、湖南省等建委、长沙市等规划研究院以及北京大学、中山大学、华东师范大学、杭州大学和辽宁师范大学地理系等37个单位参加，历时两年多。最后成果论述了城镇合理规模的概念以及科学确定城镇发展合理规模的重大意义，提出从国情出发，合理确定城镇规模的理论和方法，并对各种不同类型的城市进行个体分析，提出确定发展规模的建议。不管结论如何，这是改革开放后，第一次关于城镇规模的产学研大合作研究的范例，应该充分肯定。

除了参加建设部统一组织的课题外，还可以个人名义直接向部里申请课题。现在看来很普通，但在当时却是一个突破。例如，我在1984年8月就向城乡建设环境保护部申请城市建设科研项目，题目是“对外开放政策对珠江三角洲城市化进程的影响”（项目编号：84－规01）。在申请报告中描述城市化趋势时有这样一句话：随着我国“四化”建设进一步发展，城市化问题必将越来越突出，必将吸引更多更广泛的学者投身这项研究，而研究的重点将仍然是中国式的城市化道路问题，以及在不同条件下不同的城市化模式、问题和政策。这些说法今天看来依然如此。我研究的重点紧扣对外开放政策对城市化影响过程和类型的变化，如外资引进带来的经济结构、经济活动区位类型的变化；技术引进带来的智力结构类型和智力开发的变化；人口流动带来的城乡聚落类型及规模变化；思想文化传播带来的社会文化空间类型的变化等。项目资助金额虽然不多，但对我从本土性、区域性、综合性认识和研究珠江三角洲，产出一系列成果打下了良好的基础。

按规定，一个城市的规划方案编制出来后，都要召开专家评审会。专家们听取编制单位的介绍和实地考察后进行认真讨论，对方案提出修改建议。我参加这类评审会之多已无法统计，但印象最深的还是郑州市总体规划评审会。这是我第一次参加规划评审会。1979年10月6～13日，会期8天，包括省市领导接见和讲话、方案汇报、分组实地考察、小组审查方案、大会发言和交流、大会总结等环节。此外会后考察两天（14、15 日）。参会专家共 58 人（包括河南省部分城市规划行政或业务负责人），其中我所熟悉的、全国城市规划学术委员会委员有胡国雄、邓述平、李泽民、张景沸、杜启铭（河南地理所）等。应邀专家代表人数之多、会议时间之长、评议内容之详细，堪称全国同类会议之最。今天看来也许有点儿“奇葩”，但当时到会专家认真看文稿，分组详细实地考察，个个认真准备发言，不同意见相互讨论，提出了许多宝贵的建议，同时也进一步促进了学科之间的了解和交流。

三、培养城市规划人才

（一）举办一年制的城市规划进修班

经过两三年的实践准备，教研室开始研究举办城市规划进修班。大家反复讨论教学计划，编写教材，研究引进补充师资力量。初步形成了教学计划以后，我和曾怀正老师同往北京向建设部规划司和科教司汇报。建设部对我们举办城市规划进修班表示了极大的热情，同意我们的教学计划。1974 年招收第一届一年制的城市规划进修班，学员 21 人；1975 年第二届，学员 19 人；1976 年第三届，学员 25 人。生源地由建设部确定。第一届招生由建设部直接下发通知，包括河北、北京、河南、湖北、湖南、广西及广东等省。大部分学员都是他们所在城市的规划骨干，后来许多成为规划局或规划院的领导。在学员面前，我们既是老师又是学生，学习他们的实践经验。

在教学安排上，除安排少量政治、数学、体育课外，还安排了地质与地貌、气象与气候、水文与水资源、测量与地图等专业基础课，课时不多。主要安排了 12 门专业课：城市规划原理、城市的起源与发展、城市自然条件、建筑与制图、城市工业地理与规划、城市交通与道路规划、城市住区规划、城市管网规划、城市竖向规划、城市环境保护规划、城市郊区规划、城市园林绿化规划等。其内容以适用为主。大部分课程由我校老师承担，少数课程由外聘老师讲授。在教学过程中，除了认真组织课堂教学外，重点加强了实践环节，组织生产实习。真刀真枪地完成城市总体规划编制。那个年代完成规划任务不仅不收一分钱，而且食住都是自己解决。自带蚊帐、草席被子、水桶等行李，住工棚，住教室。并且那个时候规划部门还没有适用的图纸，大大增加了工作量。

第一届学员的生产实习，用整整3个月时间完成韶关市总体规划编制任务。韶关市面积2700多平方公里，人口56.6万，其中城镇人口23万。韶关地处粤北山区，为交通要道，矿产资源丰富，是广东“三线”建设基地，工农业发展迅速，城市面貌变化大，迫切需要城市规划。经过认真调查，对城市性质、规模、空间结构、工业布局、城市交通、郊区农业及工农结合、城乡结合都作了全面安排，对指导韶关发展起了重要作用。特别是规划提出打通河西工业大道，引导城市向河西发展，从而决定了整个城市发展格局。规划期间，正巧我女儿出生，真想回家看看。但考虑到当时火车班次少、速度慢，而我又是带队老师，工作忙，不便请假回家。待工作结束后到医院看母女，我错以为是男孩，被护士大骂了一通。

学员回校总结后，又组织了近两个月的考察学习。跨越10个省市，行程近15000里。到了上海、青岛、济南、东营、淄博、开封、郑州、洛阳、十堰、沙市、岳阳、长沙等不同类型的城市。一路上师生背着行李，提着水桶，食宿十分简陋。听介绍、实地考察、讨论总结。既辛苦又充实，不仅学员学到了很丰富的实践经验，而且对于老师们也是一次难得的学习机会。回校后进行全面总结，并以城规进修班74届学员的名义写成一篇题为“大分散，小集中，紧凑发展小城镇”的论文。令我永远无法忘记的是，年近七旬的系主任曹廷藩教授一直跟我们同行，没有卧铺，没有任何特权。各市接待我们的同志看到曹老同行都无比感动，尽可能给我们安排好一点。

第二届学员的生产实习，安排到阳春县春城镇，编制春城镇总体规划，条件更是艰苦。原本安排住在小学教室里。工作不久，台风、暴雨袭击春城，后又传出有地震灾害，有房不敢住，我们都搭帐篷住到室外草地上，工作也在帐篷内。地面积水，行走困难。有一晚发现女生帐篷里有水蛇，吓得女生不敢睡觉，男生帮忙打死水蛇，才能入睡。1976 年 9 月 9 日传来伟大领袖毛主席逝世的消息，师生们化悲痛为力量，团结一致，克服困难，较好地完成了规划编制工作和学习任务。此外我们还到武汉、沙市、株洲、南京、无锡、上海等地考察学习，参加广州郊区竹料公社中心区建筑质量评估等。在阳春编制方案阶段，曹廷藩教授代表系领导看望师生和感谢当地领导。由于“文化大革命”中身体受到摧残，加上长途汽车的颠簸和工棚的闷热，我发现，曹老在讲话中曾两次停顿长达近一分钟，想讲又讲不出！真是让人心痛！多么认真、慈祥的老人！永远怀念！

第三届学员的生产实习，是参加广西北海市和湖南怀化市规划。这是两个决然不同的城市，一个靠海，港口城市；一个位于湘西，山地城市。当时我国的大政方针是“备战、备荒、为人民”，“深挖洞、广积粮”。领导指示我们，“要将怀化规划建设成不像城市的城市”。在编制方案时，我们还是根据地形条件和交通状况，认真处理分散与集中的关系，合理配置交通网络节点和公共服务设施，为城市未来发展留有余地。当地政府十分满意和高兴，临走时还赶着杀了一头猪，让我们背了半头猪回来。要知道，当时的供给政策是每人每月才几两肉！回校总结后，这班学员又到武汉、岳阳、荆州、十堰等地考察学习。这些城市有我们前两届进修班学员，见到母校师生来参观学习，他们非常高兴，热情接待。如岳阳的周岳明、荆州的吴应林、十堰市的胡全杰。这些实践和考察学习，使学员们眼界开阔，既有实际操作训练，又基本掌握了城市规划的理论和方法。对老师来说，也积累了不少资料和经验，为日后开展教学与研究打下良好基础。

（二）石家庄会议的决策

从 1960 年宣布“三年不搞规划”开始，城市规划基本停滞了 13 年，给城市发展建设带来了严重的问题。不得不于 1973 年在全国范围内重新启动城市规划工作。然而当时留在城市规划岗位上的职工，全国仅有 700 余人，人才成了大问题。1974 年在石家庄召开培训规划人才座谈会。根据会议名单，地理界出席会议的有北京大学仇为之（时任教研室主任）、南京大学郑弘毅（时任支部书记）、杭州大学马裕祥（时任系副主任）、东北师范大学陈才（时任系副主任）及中山大学许学强。曹洪涛同志（原国家城建总局副局长）在 2006 年回忆说：“座谈会后，南京工学院恢复了城市规划专业，重庆工学院新开了城市规划专业（同济大学始终没有停办城市规划专业）。再是北京大学、南京大学、中山大学、杭州大学都在地理系办了城市规划课程。十年树人，到 1986 年城市规划队伍就可发展到 15000 人”。据我记忆，曹洪涛同志在最后总结时说，一个城市的规划人才可由三方面学科来培养：一是以建筑学为基础的城市规划人才，如清华大学，可以从事总体规划和详细规划，以详细规划见长；二是以工程学科为基础的城市规划人才，如同济大学，可以从事详细规划与工程规划，以市政工程规划为特色；三是以地理系为基础的城市规划人才，如北京大学、南京大学、中山大学，可从事区域规划和总体规划，优势是区域规划。在一个城市里，第一类人才可占 40% ~ 50%，第二类可占 30% ~ 40%，第三类可占 20% ~ 30%。这个观点代表了当时的看法。不管怎样，说明了经济地理为城市规划培养人才再次受到正式肯定。

在确定专业方向之后，我们的重要任务就是制定人才培养方案，选择安排课程。根据学科特色和专业培养方向，考虑教师的学科分工来选择安排课程，编制课程结构体系。即使同一个专业名称，由于学科性质和内涵不同，仍然可以培养不同类型的专业人才。如建筑学背景、工程学背景和地理学背景，虽然学科背景不同，但都可通过不同课程体系和课程内容的设置，办出各有特色的高水平的城市规划专业，在城市规划工作中发挥不同的作用。如果没有特色，就抛弃了初衷，我们就没必要办这个专业了。专业特色在很大程度上就是学科特色，学科特色越强，其专业特色就越强。

（三）正式招收本科生

根据北大董黎明教授回忆，1980 年代初，原国家城建总局下文，要求北京大学、南京大学和中山大学的地理系每年招收 30 名城市规划专业的学生。据原杭州大学的马裕祥同志回忆，1978 年曹洪涛同志在中国建筑学会第二届城市规划学术委员会成立大会上，对经济地理学参加全国城市规划学术委员会组织和共同从事城市规划教育事业给予了高度评价，认为是中国城市规划发展史上的一个里程碑。这是对我们这个专业的希望、信任和鞭策。从此，经济地理专业为城市规划培养人才步入正式轨道！专业名称后来又改为人文地理与城乡规划专业，开始培养硕士和博士研究生。

1977 年秋，国家恢复停止了十年之久的高考统考招生，我校以经济地理（城市规划）专业的名称，招收 30 名学制四年的学生。考生并不知道经济地理是干什么，但看到括号里的“城市规划”就知道是在城市，报名人数相当多，学生特别优秀。毕业后走向社会，开始社会也不太理解，这个专业干啥的？该班有个学生叫房庆方，毕业分配到省建委。省建委总规划师祝其浩表示怀疑，你们能干啥？行不行？几年实践下来，房庆方从一个一般的办事员，先后做到科长、规划处副处长、处长，最后当上了厅长，还被选为中国城市规划学会副理事长。经过 40 年的努力，有关规划管理部门、科研院所几乎都有经济地理专业的毕业生。在广东，现在省住建厅和一些主要城市的规划部门大都有两到三位领导（包括总规划师）是地理背景，广东几大规划院的总规划师多是地理系毕业生。虽然离不开他们的个人努力，但与专业背景不无关系。

一江之隔的中国香港，1980 年代初规划界就已在悄悄地变化，规划队伍来源多元化，规划的内涵更加人性化，规划管治更加法治化。当时香港规划署署长潘国城是港大地理系毕业（有趣的是后来连续几位署长都是地理出身：冯志强、梁焯辉、凌嘉勤、伍谢淑莹，这也许是一种巧合）。开始我觉得奇怪，读地理的怎能去当规划署长。朋友们告诉我，地理学是规划专业人才最理想的先行学科，即先学地理本科再学规划的硕士或博士。这种说法与我们原有的认识真是不谋而合。地理专业调查研究、获取信息的技能，和综合性、区域性、政策性及前瞻性的分析能力，在城市规划领域内是大有作为的。实际看来，内地与香港规划队伍结构的变化是殊途同归！

四、成为学术交流的门户

1978 年党的十一届三中全会确立了“解放思想，实事求是”的指导思想，明确了党和国家工作重点转移到社会主义现代化建设上来和实施改革开放的重大战略决策，这是我党历史上生死攸关的转折点。就在这一年，中国地理学会恢复活动，我系曹廷藩教授及朱云成、张乐育等出席了在长沙召开的中国地理学会经济地理专业委员会会议并提交论文。值得一提的是，1978 年年底在广州矿泉别墅召开的中国地理学会第四届全国代表大会上，老一辈地理学家提出了“复兴人文地理学”的倡议，呼吁“建立具有中国特色的人文地理学”！这次会议对我们乃至全国地理界是一个极大的鼓舞！

广州这座千年不衰的古城，历来承担着国家对外开放门户的职能。经济如此，科技、文化、教育亦然。“文化大革命”时期我校的老师们在学习《毛泽东文选》之余，不断检索查阅外文资料，了解阔别多年的西方经济地理学发展动态。经过一段时间外文书刊的翻阅，当时得到如下结论：

（1）第二次世界大战后，地理学经历了“数量革命”，

1958 ~ 1962 年达到高潮。布赖特·贝里用数理统计方法对"中心地学说"进行了大量实证研究，出版了《城市系统的地理透视》。1970 年代后，贝里转向城市化、城市生态学研究。

（2）第二次世界大战后经济学开始对城市进行较为系统的研究，尤其关注地租与土地利用，到 1970 年代与城市规划沟通起来，被接纳为城市规划队伍中的一员。

（3）进入 1960 年代，由于美国和西欧政治动荡，一批英国年轻的社会学者发表了许多文章研究地方政府在城市空间资源分配中的作用。他们认为，不能将所有城市问题都归于制度，而技术进步、人类特征也会对城市发展产生影响。

（4）曼纽·卡斯特出版了《城市问题》等著作，引起了一场所谓的"理论革命"，认为城市问题实际上是资本主义内部矛盾的结果。

（5）后期城市地理学中出现了制度学派，他们既否定计量的方法，也否定行为学派的概念。

这些结论对我们最后决定经济地理专业的方向起了一定的作用。后来我们将这些资料以中山大学科技情报小组的名义在《国外科技参考》上出版了"经济地理学专辑"，以供互相学习和对外交流。

1979 年国门刚开，该年 6 月我系接待美国俄亥俄州阿克伦大学地理系主任。A. G. Noble 教授和马润潮副教授应中科院邀请访问中国，6 月 18 日到达广州，就城市噪声和地理传统理论交流座谈。之后，为了快速而系统地了解西方地理学发展最新动态，我们充分发挥中山大学地理位置和人脉关系的优势，联系外国教授来校讲课。当时我是经济地理教研室主任，负责联系及办理有关手续。1970 年代，李育教授在美国科罗拉多大学丹佛分校任教，是著名的数量地理学家，他的父辈曾在中山大学的校园康乐园工作和生活过。考虑到数量地理学不涉及政治和意识形态问题，在国门刚开的背景下，上级政府及有关部门容易批准。于是我们在 1979 年初便开始联系和办理邀请李育教授来校讲课的手续。因为是改革开放后第一次请外国教授来讲课，时间较长，手续较繁琐，直到1979年下半年才办成。正式讲课时间跨越1979年底至1980年初。讲授大学本科《数量地理学》课程，部分涉及研究生教学的内容。

听课对象是经济地理（城市规划）专业"文化大革命"后的第一批学生（77级），二年级，30人。为了让全国更多大学同行分享，我们同时举办数量地理培训班，邀请了全国20多所大学教数量地理学的老师来听课。培训班的举行，对在国内迅速普及计量地理学起了十分重要的作用！李育教授在讲学期间，时逢中国地理学会第四届全国代表大会在广州举行，李育教授作为唯一外籍特邀代表出席大会，并作了关于西方数量地理学发展的学术报告。此后，李育教授多次受邀前来中山大学和其他院校或地理研究机构讲授数量地理学。因此可以说，李育教授是将数量地理学引进中国大陆的第一人。

不久，我们又通过香港同行介绍，邀请美国内布拉斯加大学鲁格（Deans Rugg）教授来校给专业师生讲"城市地理学"，为时两个月。此课列入学位课程，考试并记入学分。为了保证良好的授课效果，我们成立了六人小组，负责翻译和组织城市考察。他的讲课将西方城市地理学的一些新理论、新方法全面而系统地介绍给我们，对以后的研究和教学起到了很重要作用。后来我们还邀请香港中文大学地理系梁蕲善教授和美国匹兹堡大学谢觉民教授等来校讲授计量地理及人文地理课。

那个年代，港澳虽还没有回归，但因近邻、人缘习俗相近，港澳地理学者以各种形式访问珠江三角洲、访问广州、访问中山大学或通过广州访问内地。我常常成为不少港澳地理学者进入内地认识的第一位地理人，如时任香港规划署署长潘国城先生以同济大学校友会的身份组织了33人的旅行团访问中山大学。见面地点有的在火车站，有的在十三行（广州的专业街），有的在沙面（过去的租界），有的在康乐园。同时我们也经常接送去港澳或出国的学者。

五、我在香港那一年

1982年，经过繁琐的手续，我应香港大学城市研究与城市规划中心主任郭彦宏教授邀请，以合作研究身份访问香港大学一年。据说，我是改革开放以后内地学者访港一年的第一人。随后我系黄广耀、陈浩光、梁溥、郑天祥等老师相继短期访问香港，进行学术交流。

在香港的那一年，不仅有机会使我与港澳地理同行学者成为好朋友，而且还成为内地学者与境外学者的联络点或接待站，如认识了一些当时西方城市研究的名人，如曼纽尔·卡斯特(Manuel Castells)等，并邀请或介绍他们访问内地。内地访港或路经香港的地理和规划学者，我都负责接待，如邓静中、严重敏、吴良镛等老先生和一些中青年学者。下面摘一段严重敏先生在2006年4月30日给我的一封信中的一段："……您是对我帮助关心最多的朋友，早在1980年代初，我第一次到香港开会时您正在香港作学术访问，知我去香港怕不了解港地交通、语言、习俗不同，您到机场接待我，指导我住宿、交通情况，引见会议地址及港大教授，关照和帮助之情终身难忘"。事情发生在1982年下半年。24年后，76岁高龄的老前辈还念念不忘，给我写这样一封信，处处称"您"，令我无地自容，倍感惭愧。本是晚辈应该做的事，她却牢记心中！

还记得有一次送吴良镛先生，在车上吴先生突然问我，什么叫"恒生指数"？我突然一惊，因为从未注意这个问题，也不知具体如何计算，结果只是笼统含糊回答一句，"大概是恒生银行搞的衡量香港股市的一个指数吧！"吴先生看我也不是肯定的回答，就没有追问下去了。但这件小事使我想到，一个泰斗级的学者兴趣是如此广泛，对新鲜事物是如此敏感！

利用这一年的时间，通过听课、讨论和查询有关资料，使我对西方城市研究的走向有了较为清晰的了解，后整理为《西方城市研究的发展》一文发表在《城市问题》1984年第3期；还有《规划教育的回顾与展望》《美国麻省理工学院城市研究与规划系简介》《英国威尔斯大学理工学院城镇规划系简介》三篇文章经整理发表在《城市规划研究》（现《国际城市规划》）1984年第2期。还有许多翻译、编译的资料虽未发表，但都融入了以后与朱剑如教授合编著的《现代城市地理学》一书中。

与此同时，我运用西方城市地理学的理论与方法，思考中国城市化中的问题，写成论文发表在英文杂志上或英文版书籍中。如我的第一篇独立署名的英文论文《中国城市的发展趋势与变化》（*Trends and Changes of the Urban in China*），于1984年在《第三世界规划》（*Third World Planning Review*）上发表。同年还在《亚洲地理学家》（*Asian Geographer*）上发表了《中国城市化的特征》（*Characteristics of Urbanization of China*）一文。还有几篇是在当时构思以后陆续成文发表的。其中影响较大的就是1985年陈金永教授与我联名发表在《中国季刊》（*China Quarterly*）上的《1949年以来中国的城市人口增长与城市化》（*Urban Population Growth and Urbanization in China Since 1949*）一文。这是中国大陆学者在该刊上发表的第一篇论文，引起学界热议。1987年马润潮教授和崔功豪教授也在该刊上发表了一篇讨论中国城市化的论文。之所以和陈金永合作，是因为我在香港大学期间，和陈金永先生在同一办公室，有机会经常讨论中国城市化问题，有时还在桌上比比画画，受益匪浅。这篇文章也就是在此基础上写出来的。叶嘉安博士更是我长期的合作伙伴，在一些重要中英文刊物上发表了好多篇论文。与此同时，我还与中文大学朱剑如教授着手合作编著了《现代城市地理学》，后由中国建筑工业出版社出版。之所以由中国建筑工业出版社出版，也是因为当时我们与建设部联系较多有关。由于书稿最后一章讲述了西方激进城市地理学派，称“结构马克思主义在西方日渐盛行”之类的话语，出版社没有把握，怕出问题，要我们撤掉。我们考虑这本书的最大亮点就是这一章，如没有这一章就不叫现代城市地理学了，坚持保留。经过反复协商，某些句子略作修改，终于出版了。

在港期间，与学者们讨论最多的问题是中国城市发展、地理与规划的关系。回顾 1909 ～ 1957 年间的西方规划领域，一开始，在正规大学里，规划作为一门课程附属在建筑和工程专业，后来独立成立规划学院和系，并授予研究生学位，而研究生所学课程不断增加。早期规划重点主要关注美学；后来规划演变成关注城市如何提高工程和经济效益；随后，规划又作为一种合理划分土地利用类型的技术和控制土地利用的工具；接着规划成为有效的行政管理过程中的一个关键要素；继而又重视福利，强调人的因素；到了 1970 年代和 1980 年代初期，规划已被认同涵盖了许多社会、经济、政治及物质实体要素，其作用是帮助指导城市社区的活动和发展。在学术界发生所谓“专才”“通才”以及具有“一门专才的通才”之争，有人称之为“一场平静的革命”。规划者们也为许多相互矛盾的观点所困扰。在政治家的支配下，许多重要决策随政治风向而变化，规划者只能附和政治家的观点，对重大决策没有多大影响力。在美国，规划的力量似乎在下降，因为在美国联邦制的情况下，规划机构是设在影响力最小的州和地方政府。在这种背景下，规划教育越来越脱离实践，强调职业教育和强调理论学术性也难以统一。讨论之余，萌生一个想法，在国内召开一次学术研讨会，重点讨论城市发展与城市规划教育的关系。

按计划，在香港一年合作研究期间有一次出国访问的机会，我选择了澳大利亚，重点是堪培拉国立大学人文地理系和悉尼大学地理系。现任香港大学城市规划与设计系主任的赵丽霞教授当时在那里读博士，她热情接待了我。堪培拉作为首都的规划历经十年才最后定案，市区内小汽车每小时可开到 120 公里，这些事情使我感到惊讶，并记忆犹新。在悉尼大学认识了伍宗唐教授并成为多有合作的好朋友，1986 年我俩与香港大学地理系主任梁志强教授一起编著出版了《中国小市镇发展》一书就是实例。使我永远无法忘记的是，在悉尼大学第一次用我差到不能再差的英语磕磕巴巴地宣读论文，紧张得我满头大汗，最后忘了讲结论就匆忙宣布结束，进而遭到质疑！一篇论文怎么能没有结论？说来这也是有原因的。大学时代我们学习的是俄语，改革开放才开始自学了一点英语，带着字典看点英文专业书还勉强。这次在香港访问期间，好不容易在别人帮助下，凑成一篇英文论文。虽然“彩排”多次，但现在真要面对大专家们宣读，又没有 PPT 作掩饰，我的紧张程度可想而知了！现在想来都还后怕。再后来我就学精了，要出国宣读论文就多准备些幻灯片和透明胶片，听不懂可以看得懂。

在港期间还发生一件私事，虽与主题无关，但也能衬托出改革开放的变化。那个年代香港与内地联系极为不便，来往书信要花费很长时间。与内地联系只是靠电报。1982 年年底突然接到一封电报，说我母亲病危，要我急回！一字不识的母亲，在战火纷飞、贫穷落后的农村，含辛茹苦把我们两兄弟拉扯大（当我出生三个月时，父亲被抓壮丁十年才归）！她吃了一辈子苦，却没有享过一天福！默默地奉献，满满地付出。平时言语不多，但情深似海！此时我心急如焚，连忙请假，得到的答复却是，起码三个月后才有结果。后来听说，她用生命最后的力量支撑了三天，想见我一面。最后，她绝望了，说了一句“二儿太远了，回不来了”，然后闭上了眼睛，心脏停止了跳动！每当想到此事，我内心无比悲痛！今天，港澳回归，“自由行”来往便利，母亲在天之灵也会为之高兴的！

六、我第一次主持的国际学术交流会

我在香港的最后几个月，经和朋友们讨论，决定在我结束香港大学一年的合作研究后，于1983年9月10～15日，在广州联合举行"城市规划教育国际学术研讨会"。其主要目的是将西方的动态传播到内地，讨论根据中国国情如何发展城市规划，地理如何在其中发挥作用。我在香港以通信方式与时任教研室主任的曾怀正教授商榷，由我提供西方情况，由他准备一篇会议发言稿。经过精心策划，会议如期举行。没有经验，也没有条件。会议就在刚刚落成的紫荆园里的一间教室举行，没有会议横幅，没有任何妆点，也没有座位安排。没有领导光临指导，副校长夏书章参会并发言，是因为他对这个会议的命题感兴趣。

参会代表有来自30多个单位的76名中外学者，除主持会议的中山大学副校长、公共管理系夏书章教授，地理系教授曹廷藩、梁溥，香港大学郭彦弘教授外，还有清华大学吴良镛教授（当时为学部委员）、同济大学规划系主任李德华教授和陶松龄教授、南京大学宋家泰教授、北京大学董黎明老师、武汉城市建设学院李泽民教授、华南工学院（理工大学）林克明和杜汝俭教授、中国城市规划设计研究院副院长陈润和罗成章工程师等以及七位外籍教授。这是一次多学科的聚会。建筑学、规划学、地理学、经济学、社会学、管理学、心理学、人类学、人口学、生态学等学科的学者参加会议，互相交流规划教育的经验，共同讨论规划人才的培养。重点探讨城市规划与其他学科的关系。

郭彦弘教授从目前城市规划教育所关切的问题入手，重点论述了怎样培养城市规划者和教育目标问题。他建议专业的重点要提倡兼顾"引导"与"控制"两方面。发展"控制"基本上是弥补性的、预防性的，对生产来说，则是发展的障碍。引导则标志着增加发展机会，是期望性的、推进性的，对生产来说，就会促进发展。如果城市规划做到这一条，城市规划与社会的关系，与生产行政管理者的关系就会有根本改变，就会相互协调发展。城市规划不等于写写报告，订订政策，而更重在实践，使社会得到好处。因此，除要面向现实外，着重管理和行政也是城市规划专业需关注的一个问题。关于教育，郭教授认为，城市规划教育的重点是强调城市化进程中的干预机制。基本的假设是，可通过城市规划者的外来干预控制城市发展中的不利因素，使城市发展获得更大的增值效果。为此城市规划者应学习为什么需要干预，怎样利用干预，会产生什么效果，即“为什么？”“怎么办？”“有什么效果？”南京工学院（现东南大学）黄伟康教授认为，郭教授的许多重要观点我们是同意的。我国目前首要任务是要采取多种方式、多层次培养城市规划人才，满足数量要求。各学科培养城市规划人才要突出自己的核心。在教学中要加强实践环节。

会议重点是讨论地理学与城市规划的关系。中山大学地理系曾怀正教授论述了规划人才的培养必须结合国情，解决课程结构、人才结构和合理使用问题。各类院校培养的规划人才应适当分工，建筑学基础的城市规划专业以总体规划为主，对详细规划有所侧重，对区域规划有所了解；工程学基础的城市规划专业对工程规划有所侧重，以详细规划为重点，对总体规划有所了解；地理类城市规划专业对区域规划有所侧重，以总体规划为主，对详细规划有所了解。北京大学董黎明教授同意曾的观点，随着形势发展，城市规划人才需要多元化，各学科应保持自己的特色。地理学家、香港大学叶嘉安博士讨论了地理学与城市及区域规划之间的内在联系，介绍了国外地理学与城市及区域规划的关系的发展过程及地理学的主要贡献。他认为，地理学在城市及区域规划中的应用已有很长的历史，不少文献讨论过它们之间的关系。彼特·霍尔（Peter Hall）甚至认为城市及区域规划就是应用地理学。地理学与城市及区域规划的关系主要有下列几种形式：城市规划是大多数大学地理专业毕业生从事非教育性行业的主要就业出路；地理学者常被邀请做有关规划工作的顾问；许多地理专业毕业生到理工大学进修规划课程，继而取得规划师资格；在理工大学，地理学的研究技术、方法、理论及知识经常融汇于城市与区域规划的课程之中；在学术研究中，地理学与城市及区域规划常常相互交错渗透，有些地理研究的出发点是为着解决某些规划上的问题，而有些城市与区域规划的研究则需要借助地理学的理论和方法。地理学之所以与城市、与区域规划有这样密切的关系，主要是因为它们有很多共同点。最明显的是它们都以空间分布及组织为学习及研究的基础，使用的系统分析方法也大同小异。地理学与城市及区域规划都是综合性学科，都引用多门学科的理论和研究方法。城市与区域规划的课程有许多与地理学专业相似。因此，地理学毕业生比其他学科的毕业生更容易适应城市及区域规划的工作及研究。中科院地理所叶舜赞教授认为，叶嘉安博士的报告给我们很大的鼓舞，地理学在城市与区域规划的各个阶段都能起重要作用，地理学家与建筑师、规划师很好地合作不是偶然的，是有共同研究基础的。

会上还讨论了建筑学、经济学、社会学、行政管理学与城市规划的关系。分别介绍了清华大学、同济大学、南京大学、中山大学本科班教学计划或硕士研究生培养计划。因篇幅所限不再赘述。会议有两个重要结论：第一个结论是吴良镛教授在会议闭幕式上说的。他说：“这是一个有益的会议，成功的会议，我们有必要以更多的力量来研究城市规划人才培养问题。这个问题不仅规划工作者要重视，而且，还应要求全国知识界和有关方面予以更多的关怀和支持。因此，这次会议可以得出一个结论，即应该动员更多的学科、更多的学者投身城市科学研究和人才培养工作中来！”第二个结论是宋家泰先生表达的。他说：“通过这次会议的讨论，说明经济地理专业能够为城市规划服务，关于这个问题的争论应该结束了！”会后，中山大学城市与区域研究中心和香港大学城市规划与城市研究中心商定，随着中国城市化进程，今后每十年合作召开一次国际学术讨论会，专门讨论中国城市化进程中出现的城市发展、规划与教育问题。

七、成立城市地理专业委员会

（一）无锡会议

1985 年 11 月 11 日，在无锡市由人文地理专业委员会组织召开了“中国首届城市地理学术讨论会”。会议由鲍觉民、宋家泰、钱今昔、吴传钧、瞿宁淑及人文地理专业委员会郭来喜和中科院南京湖泊所佘之祥、虞孝感等主持。国内 50 多个单位的 114 人及英国和日本两个代表团参加了会议。

这是我国第一次由中国地理学会人文地理专业委员会专门召开的城市地理学术会议。鲍觉民教授在开幕词中指出，“城市化问题是我国建设中面临的新的重要课题之一。如何根据国情研究出一套符合本国特色的城市化理论，对加快社会主义建设步伐至关重要”。宋家泰教授在会上做了《论中国城市发展问题》的报告，详细论述我国城市化发展阶段，预测了 2000 年中国城市化水平、城市化发展总方针等。严重敏、杨吾扬、吴友仁、陆大壮等 52 位参会者作大会发言。我也有幸参加大会，并宣读了《努力发展我国城市地理学》的报告。作为当时《经济地理》主编的宋家泰教授认为我和朱剑如写的这篇文章不错，决定发表在《经济地理》1986 年第 1 期。这次会议还建议中国地理学会从本次会议论文中择优汇编《中国城市地理研究》文集［见林炳耀，熊绍华 . 中国首届城市地理学术讨论会在无锡市召开 . 经济地理，1986（1）］。

（二）酝酿成立城市地理专业委员会

根据中山大学城市与区域研究中心与香港大学城市规划与城市研究中心商定，于 1993 年在中山大学召开一次学术研讨会，主题为“适应经济改革，全面开展城市发展、规划与教育研究”，集中讨论城市规划与教育如何适应由计划经济向市场经济的转轨。随着改革开放进一步深化，市场机制全面引入，土地和住房制度改革不断推进，经济飞速发展，城市人口大幅增长，城市用地开始快速蔓延。经济地理学与城市规划两方面的国内外专家共120多名出席会议。地理界的吴传钧、严重敏、瞿宁淑教授等，规划界的吴良镛、陈秉钊教授及夏宗玕秘书长等出席了会议。专家们认为，城市发展速度惊人，但规划准备不足；城市规模结构两头高，中间低，与城市发展方针相违背；城市空间分布趋于不均衡，可能成为社会隐患之一；城市职能日趋复杂，但与原有功能结构矛盾突出；城市流通量大大增加，但基础设施不相适应。为此，城市规划应树立市场经济观念、法治观念、以人为本观念、多学科或跨学科观念以及动态观念。树立大教育观，多学科多层次培养人才。

就在这次会上，中国地理学会理事长吴传钧院士暗示，中国地理学会成立城市地理专业委员会的条件已经具备了！于是由严重敏、周一星、叶舜赞、沈道齐、崔功豪、宁越敏、顾文选和我，经过充分酝酿，向中国地理学会写了一份请示报告，建议成立中国地理学会城市地理专业委员会。

（三）城市地理专业委员会成立

1994年6月，中国地理学会为庆祝中国地理学会成立85 周年，在北京举办了“地理学与可持续发展”大会。大会期间召开了“中国地理学会城市地理专业委员会成立及学术讨论会”。会上吴传钧理事长就成立城市地理专业委员会的必要性和迫切性发表了重要讲话。会上宣布了常务理事会的决定。城市地理专业委员会挂靠中山大学，第一届主任委员为许学强，副主任委员为周一星、叶舜赞、沈道齐、崔功豪、宁越敏、顾文选，秘书长为阎小培（兼）。

会议讨论了城市地理专业委员会的性质和任务，并达成共识：城市地理专业委员会是中国地理学会领导下的一个专业委员会，其主要任务是：(1) 组织学术交流，提高我国城市地理学的研究水平和在国际学术界的地位；(2) 团结全国城市地理工作者及相关的实际工作者，为城市建设和社会主义建设服务；（3）城市地理研究内容总体设想是：应在继续进行宏观研究的基础上，深入开展微观研究，并注重宏观与微观研究相结合。研究中应跨越纯理论的障碍，从地理角度向外延伸，使理论与实际有机结合起来，在实践基础上进行理论总结和概括，并不断探索新的研究领域；（4）中国地理学会城市地理专业委员会与中山大学城市与区域研究中心拟联合创办《城市地理》学术期刊和不定期印发城市地理专业委员会通讯。因种种原因期刊没办成功，“通讯”印发一段也停办了，没能完成当时的决定。

这里尤其值得提及的是夏宗玕同志，她是城市规划学者与城市地理学者的牵线人。1996 年 9 月她出席由中国地理学会城市地理专业委员会与中山大学城市与区域研究中心联合举办的“中国乡村—城市转型与协调发展”国际学术讨论会，会上所展现出来的热情、认真，永远值得我们学习、敬仰和怀念！

八、结论

（1）全国地理界是一个学术利益共同体，有竞争更有合作，合作共赢远远超于竞争。全国各地理单位、各地理分支应相互鼓励，相互支持，相互渗透，相互融合，形成一种新型的、有中国特色的地理学学术生态环境。互相支持绝不能变成商业交易。单位不论大小，历史不论长短，都是学术大家庭中的一员。正所谓：泰山不拒细壤，故能成其高；江海不择细流，故能就其深。自己强不能看不起暂时还不强的单位、个人及其他学科方向。特别应强调要看到规模较小、历史较短的地理单位的成长。中国地理学的发展靠的是全国所有地理单位和地理工作者共同的努力！

（2）当今地理学既有分科越来越细的趋势，也有综合越来越深化的走向。这既是实践的需要，也是学科发展的需要。但分科要做到见树又见林，分得出去，走得回来。地理学既然是一门交叉综合的学科，城市也是一个多学科研究的客体，因此地理学在城市研究和城市规划中可发挥其综合性、区域性分析的特点，为城市发展方向、性质规模、空间格局等重大综合性问题的决策作贡献，也可利用地理学的各级各类分支学科的特有的理论和方法，在城市各要素、各级各类功能区中，发挥其不可替代的综合分析作用。为此，我们的教学计划中如果没有必要的自然地理或经济地理的综合课程，没有认真组织综合性实习，学生综合分析问题的能力恐怕难以实现。

（3）地理学的基础理论、基本知识和基本技能是研究城市、为城市规划服务的基础。在为城市研究、城市规划服务的同时，不应削弱地理学的基础理论、基本知识和基本技能。否则，我们在为城市规划服务中就无法发挥一种不可替代的作用，既不能成为曹洪涛“老司长”要求的城市规划队伍中的一个方面军，也不符合吴良镛先生所提出的“要保持各自的优点，发挥特色，弥补缺陷，在开放的学术环境中探索多元的发展路径”。所以，不能用一个模板要求不同学科办的城市规划专业。

（4）还记得十年以前，在中山大学地理科学与规划学院讨论学科发展时，我提出要用超常规方法发展 GIS。因为我认识到，GIS 方法对我们地理学发展太重要了。可喜的是，近些年 GIS 和其他先进方法有了很大发展，对地理学发展正在发挥积极的作用。但是，再先进的技术和方法也还是一种工具，有了新工具，我们的研究可以做得更快、更好、更深入、更准确，但不能改变地理学的性质。在地理理论指导下运用新技术，在地理理论指导下分析、解释、运用新技术的结果，这才是我们的初衷。

（5）伴随西方社会科学的发展潮流，西方城市地理学研究经历了行为、制度、文化等转向。应该肯定，20 世纪 80 年代以来我国城市地理学取得诸多丰硕成果，成为地理学中最活跃的分支领域之一。不过，总体而言，我们这代人的研究还是多偏重对西方理论方法的消化、吸收和应用。我认为西方理论值得借鉴，我们应该去了解、去研究，以发展我国的城市地理学，促进我国城市健康和可持续发展。然而任何理论的产生总不能超越其时空局限，不能摆脱发明和倡导者的立场观点制约。所谓理论的客观性只是相对的。因此，我们在学习国外城市地理理论和方法时，一定要考虑国情。

可喜的是，我们已经看到，新一代城市地理学者正在成长起来，已经开始更多关注中国城市自身特色的研究。随着社会发展，中国及其他一些发展中国家的城市人口迅速增长，欧美地区城市和城市人口在世界上的比重越来越小，其代表性越来越低。未来的城市地理理论和方法，无论是遵循归纳法还是演绎法，如忽视发展中国家的城市，这种理论和方法便不可能有充分的代表性。我国城市和城市人口的数量之巨，区域差异之大，历史文化底蕴之厚重，在世界上绝无仅有，目前城市又在快速转型和发展中，这为我们城市地理学快速发展，出现新理论、新学说提供了一个良好的学术生态环境！我们现在已经形成了数量可观的、活跃的、有创新精神的、年轻的城市地理学队伍！我深信，在不久的将来，一定会出现世界级的理论大师，引领城市地理学的发展！

我国城镇规划与区域发展工作 40 年回顾

姚士谋

作者简介

1940 年出生于广东省梅州市平远县，1964 年毕业于中山大学经济地理系，中国科学院南京地理所城市研究中心研究员，博士生导师。曾任中国城市规划学会区域规划和城市经济学委员会委员，南京地理所城市发展研究中心主任，浙江大学客座教授，香港浸会大学当代中国研究所特约研究员。

学科领域的发生发展过程是漫长的、不断向前的，就像我们的人生历程经过了生长、发育与繁荣的过程，但它是永远不会消失的。具有历史作用的学科将会传承下去，并留下许多辉煌业绩光照人间。

一、城镇规划与城市地理发展的背景

（一）国家政策的启示、激励，促进了本学科的生长发育

1949 年中华人民共和国成立后，中央的工作重心由农村转向城市，并通过生产力布局、实施工业化推动了城市化。改革开放后的 1980 年，原国家建委召开了“文化大革命”后的第一次城市规划工作会议，极大地推进了我国城市规划与城市地理学科的发展。

（二）国家城建总局、城乡建设部的关心与重视

1976 年唐山大地震后，国家建委派了十多名专家考察地震后的唐山，同时城建总局曹洪涛局长委派中央城建代表（刘雪梅、周干峙等 10 多人）来南京，组建规划局，并进行一个半月的考察，南大、东大与南京地理所的老师陪同考察。

（三）大师们的指导、教诲，关注城市规划、城市地理学的发展

在吴良镛、周干峙、吴传钧等院士的关心下，1978 年在兰州召开了中国建筑学会第二届城市规划学术委员会，地理界的胡序威、魏心镇、许学强、宋家泰、马裕祥、吴友仁、顾文选、姚士谋等 8 位学者参加会议。这 8 位同志，也是参与组建中国城市规划学会的重要人员，有些同志在学会的理事会任职时间长达 20 多年。以后随着中国城市规划学会的逐步壮大，学会还成立了区域规划与城市经济专业委员会，作为其二级组织。

（四）中国科学院与各级领导的关心，使地理界参加城市规划的人越来越多

中山大学、南京大学在 1977 年，北大在 1978 年即招收城市规划方向的本科生。在此之后，清华大学、同济大学、东南大学、天津大学等也相继招生。在江苏省建委和南京市城建局的重视下，我所（中国科学院南京地理所）第一次于 1974 年在南京参加城市人口用地方面的调研，在苏南地区做城镇体系与小城镇规划工作（1976 ~ 1980 年）。我从美国回来后，1985 年秋，中国科学院卢嘉锡院长要求我们南京地理所派专家组参加厦门特区成立后的规划工作，当时我带了 20 多位中青年与研究生参与规划（1985 ~ 1992 年），后来北京所也有 6 人参加厦门的工作。在时任厦门市副市长的习近平同志领导与关心下，刘毅、金凤君、陈航等与我们一起完成了 10 多项的规划研究工作。

改革开放之初这一阶段（1978 ~ 1990 年），全国许多院校地理系的师生参与了各省市的国土规划、城镇体系、小城镇和旅游规划等。当时城市规划学界刚刚起步，我们地理界是这些方面的主力军，有不少研究成果发表在《地理学报》《地理知识》等期刊杂志上。华东师范大学严重敏先生的学生于洪俊和宁越敏出版了我国城市地理学概论第一部专著，后来许学强、周一星、崔功豪等教授也出版了不少专著，如《现代城市地理学》等；我们所的沈道齐和南大的吴友仁教授也参加了建设部的城市化专题研究等等。1978 年我参加中科院地理代表团访美，在芝加哥发表中国小城镇研究的论文（与沈道齐等合作）。1980 ~ 1982 年，我和吴楚材也在《地理学报》发表了论文。在这篇论文中，鉴于我国农村人口城市化的特殊形式，第一次提出研究苏南地区“亦工亦农”进城务工人员的人口城镇化问题。

二、我国城市地理学的不断成长壮大与学术活动的繁荣

（一）城市地理学的理论与实践的发展

改革开放以来，乡镇企业大规模发展，沿海城市大量引进外资，开发区的大量涌现，吸引了大批农民进城务工，推动了城市化的新高潮。我国的城镇化水平，由 1978 年的 17.8% 增加到 1990 年的 25%，2005 年达到了 36%，如今城镇化水平已经突破 58%，累计吸引了 5 亿多的农民进入城镇工作和生活。

广大的地理工作者结合国民经济建设的实践，完成了许多全国性的任务以及地方重要的规划工作。地理界十多种专业学科，其中城市地理、旅游地理、人口资源环境以及 GIS 信息学科等，形成了自己学科的特色以及比较完善的学术体系。

首先，我国地理学工作者参加了大量的城市规划实践，在研究方法上有了新的创新、新的思路与思维方式。从过去的描述性的研究转向定性定量方法，动态追踪研究计量地理学的分析方法；从单要素的分析方法转向多层面的综合分析比较方法；从线性思维转向网络思维的系统分析方法；从概括特征性问题转向本质性的规律性问题的探索。特别表现在《城市地理概论》《现代城市地理学概论》《中国城镇体系的理论与方法》《中国城市群》以及《我国沿海地区城镇密集区研究》《我国城市群可持续发展的理论与实践》《中国城市群新论》

等著作，都是广泛运用了上述研究方法。

其次是研究领域方面逐步向纵深扩展，形成了具有本土化的研究内容。城市地理学不仅在研究城市人口、用地、城市形成的各种要素特征以及城市资源环境问题，同时在研究城镇体系、小城镇、城市生态以及城市群等等方面都有较深刻的认识，在某种程度上与各种尺度上代表了我国现阶段城市发展与科学预测方面的一定水平与维度，这些专著代表作也反映了我国城市地理学繁荣的新局面。20 世纪 90 年代中后期，地理界胡序威、许学强、周一星、崔功豪、顾朝林等提出的我国城镇化理论概念、发展规律以及姚士谋、方创琳提出的中国城市群理论概念方法、系统分类和指标体系，都已经上升为国家的发展战略的平台，中央与国务院的文件给予肯定与应用，影响巨大，中央与地方领导也都很重视。

第三，城市地理学在发展过程中，也培养了我国这方面的高端人才及规划技术人员。特别是北京大学、南京大学、中山大学、浙江大学、北京师范大学、华东师范大学和一些省市的重点高校、师范院校，以及中国科学院 5 个地理所，培养了大量的中青年技术骨干，为我国的国民经济建设、城乡规划建设和城市资源环境等的研究和管理工作，作出了巨大贡献，特别是在我国东、中、西部地带的划分研究以及在城市群、城镇体系等领域的研究工作上作了很大的贡献。在国际上，我国不少优秀的城市地理学家表现不凡，对西方发达国家和第三世界国家也作出了巨大贡献。

（二）我国城市地理学领域有了突显变化与巨大的成就

（1）我们的研究成果得到中央领导的重视，周一星、陆大道、樊杰、刘彦随等向中央政治局和国务院领导汇报、讲课，影响巨大。

（2）城市地理老专家常常参加全国性重大项目评议（大城市总体规划等），如胡序威、崔功豪、许学强、姚士谋、董黎明、周一星、顾朝林、宁越敏等等。

（3）城市地理学与城市规划方面结合得越来越紧密，如城市与区域发展、城乡一体化、“五个”统筹、城乡统筹、城市群规划，等等。

（4）在某些研究和工作领域（如：城镇体系、概念规划、大都市圈、战略规划、小城镇问题、中国城市群、新型城镇化以及“一带一路”倡议等），我国的城市地理工作者是首创、原创与创新研究的带头人。

（5）近10年来，城市地理方面的专家（包括很多中青年学者）还参与了许多地方政府的重大咨询与决策，在国内发表了许多创新论文，发挥了重要作用。

总之，改革开放40年来，城市规划与地理界的科学工作者为我国城镇化、工业化与开发区问题也提出过多次建议，特别是在陆大道院士带领下，我们多次向国务院提交报告，得到中央领导人的重视。

三、我国城市地理学发展趋势以及研究的重点

我国国土面积辽阔广大、人口众多、耕地少、水资源短缺，各种资源环境比较特殊，人均占有量极少，生态环境比较脆弱，研究的技术手段还不够发达，因此今后应当依据我国的具体国情条件，借鉴国际上发达国家的先进方法与手段，规划建设我国现代城市地理学的创新模式，促进我国城市地理学向世界一流水平发展。

从历史看，在农业时代后期产生与发展了“中心地学说”；近百年来的工业化时代，产生和发展出了“点轴理论与区位学说”；现代城市化时代，又产生了城市的集聚与扩散规律。今后，以下几个方面可能是主要的研究方向和探索的重点领域（理论创新的关键问题）：

（1）如何科学合理地界定城市发展规模（主要是人口、用地与环境容量问题）。如何符合中央城市工作会议精神，将大城市、超大城市控制在合理规模。

（2）探索符合我国国情条件的新型城镇化发展目标、具体指标以及不同类型城市的发展模式（如大、中、小城市的合理用地人均指

标等）。

（3）结合我国的水资源、土地资源、能源特点、生态环境条件，研究城市的综合承载力、环境容量、发展质量。

（4）顺应经济社会未来发展的趋势，结合实践，研究低碳城市、海绵城市、生态城市、智慧城市的发展模式、条件和策略。当然，在研究的过程中，结合大数据等新的技术手段和方法是很重要的。

总之，我国的城市规划与城市地理学工作者，一定要在习总书记的新时代中国特色社会主义思想指引下，从全球化的视角努力探索中国城镇化的发展规律与问题，为我国的社会主义现代化事业作出更大的贡献。

我的规划实践回顾与思考

周一星

作者简介

周一星，1941 年 5 月生于江苏省常州市，1959 年考入北京大学经济地理专业，毕业后留校任教，教授。主要研究方向：城市地理、城市规划。曾任北大城市与环境学系副系主任、中国地理学会城市地理专业委员会主任、中国城市规划学会副理事长和区域规划与城市经济学术委员会主任，2006 年退休。

今年（2018 年）恰逢我国改革开放 40 周年。38 年前的 1980 年，中国建筑学会城市规划学术委员会成立区域规划与城市经济学组，1993 年学组升格为学术委员会，也已过去 25 年。在这期间，随着国家发展的步伐，学组／学委会关注的重点是不同的。1980 年代重点关注中国的城镇化和国土规划；1990 年代重点关注区域城镇体系规划；进入 21 世纪，区域规划多元发展，城镇体系、城市群、发展战略、都市区、都市圈、主体功能区等等，多种规划，百花齐放、百舸争流，让人眼花缭乱。我经历了各个阶段，直到 2007 年后成了一名看客。拙文重点回忆我参与过的一些规划，借此以个人经历记录高校地理专业在我国城市规划发展中的部分过往。

一、初学城市规划

我 1964 年毕业于北京大学经济地理专业，留校后最早接触城市规划是在“文化大革命”后期的 1973 年。教研室为了寻找专业出路，把几位教员派到北京城市规划局探路。我参加张敬淦先生领导的城市工业布局与水源污染专题研究，执笔《南郊水源七厂地区地下水污染调查报告》。这成为我与北大同事林雅贞、董黎明1978年承担国家城建总局城市规划局的任务，编写《城市规划手册·环境保护》的源头，后来有了1981年第一本合著《城市环境与规划》（城市规划知识小丛书之十二）的出版。对城市规划的学习延续到邯郸总规（1974年）、平谷总规（1974年）、承德总规（1975年）和西大街详规（1977年）、唐山后于家店村灾后重建规划（1976年）。

讲一件与规划并无直接关系的趣事。1975～1976年有一段时间，为了应急给1975/76级工农兵学员上建筑概论课，教研室派我到北大基建处"拜师学艺"，白天上班当下手，以读图、描图为主，放线、开槽、绑钢筋等也干过；晚上自学建筑学教材；周末上街观察建筑立面。现名"燕南美食"的食堂初步设计是"出徒"作品，最后给两届城市规划学生讲了110学时的"建筑学概论"。如今回头看，有点"误人子弟"，但对我扩大知识面、培养大局观不无好处。当时我是教研室最小的助教，我不干谁干？

1978年，改革开放元年，北大第一次承担中等城市——芜湖的总体规划，这是对我北大规划学习阶段的一次检阅。第一次就获建设部的科技进步奖。

这期间，我对邯郸和芜湖两地铁路编组站选址方案的建议，在若干方案比较中胜出，被城市总体规划采纳，最终建成实施，尤感欣慰，这两次成功无形中增强了我从事城市规划工作的自信心。不过，再一想，1978年时我已经37岁，早过了"而立之年"，要不是"文化大革命"，早该有一点出息！

这以后，在追随张景哲老师研究城市气候的同时，我选择城市地理作为教学科研的主攻方向，一边研读、翻译国外城市地理论著，一边开始中国城市化问题的研究。1981年对我具有标志性意义：北大开设了城市地理本科生课程；完成了第一篇独立署名的论文——《城市化与国民生产总值关系的规律性探讨》。1982 年参与嘉兴总规，负责城市性质和铁路货场选址。1983 年参加《京津唐地区国土规划纲要研究》的廊坊部分工作。

二、城镇体系规划的实践

我主持的第一个规划项目是 1985 年的济宁市域城镇体系规划。

我国新创的城镇体系规划是以城镇为重点的区域规划，首先是从市域尺度开始的。其背景是改革开放初期国家注重发挥城市的作用，提出“要以经济比较发达的城市为中心，带动周围的农村，统一组织生产和流通，逐步形成以城市为依托的各种规模和各种类型的经济区”；同时，开始大面积推广“市带县”体制。“市带县”后，市政府的服务对象从一个城市突然变成一个相当大的城乡混合区域，对新规划自然有了需求；1984 年建设部公布的《城市规划条例》又适时规定：“直辖市和市的总体规划，应当把市的行政区域作为统一的整体，合理部署城镇体系”。中国这种特殊的城市行政地域概念，在世界独一无二。

济宁市 1983 年实行“市带县”，1985 年 3 月扩成一市九县，在校友韩连绪的牵线搭桥下，同年济宁市邀请北大去做规划。当时我们仍采取教研室老师带高年级同学，结合生产实习进行大兵团高强度工作的模式。教研室主任魏心镇负总责，人员分两部分：董黎明负责济宁中心城市总体规划，我和魏老师负责市域城镇体系规划。

城镇体系规划当时没有参照物，我的工作套路来自经济地理和城市地理的知识基础：首先调查中心城市的吸引范围；然后分析城镇体系发展的基础条件，包括历史基础、区域基础、经济基础，由此寻找其中的发展规律，明确规划依据；规划的主要任务是人口与城镇化水平预测（包括新设市镇的建议），并在现状分析的基础上设计城镇体系的规模结构、职能结构和空间网络结构。我体会空间网络结构并非孤立，而是融会了城镇规模和职能在内的综合性结构要素，可以看作整个规划的综合和浓缩，集中体现规划的观点和思想，尤其应给予重视；然后再分区或分重点问题进行解析；最后提出实施对策。这一构架基本上参考了我当时讲授的城市地理学课的结构。

这次规划提出了“复合中心城市”① 的概念与战略，建议济宁联合相距很近的兖州、邹城共同组成复合中心城市来带动全域发展，以应对济宁地理区位、经济实力与“小马拉大车”不相匹配的矛盾。这一思想一直被当地沿用至今，只是后来的复合中心增加了曲阜，近年又扩大到嘉祥。

济宁规划受到了高度评价。当时济宁的国土规划正在进行中，市领导看到我们综合而完整的工作成果，执意留下四位骨干老师，魏心镇（工业）、林雅贞（农业）、韩达仁（区域）和我，要我们继续把济宁市域国土规划的初稿也一口气完成了，成就了先做城镇体系规划再完善国土规划的一种新模式。

回北京后，魏老师和我向建设部规划司王凡同志汇报，受到肯定，认为此类规划有用。我随即写了总结性文章《市域城镇体系规划的内容、方法和问题》，发表在创刊不久的《城市问题》1986 年第 1 期上。有趣的是阴差阳错，刊物目录上错把作者写成与我姓名同音的北京社科院副院长“周一兴”。我自省，不怨别人，毕竟那时缺乏学术积累！

1987 年，山东泰安市也邀请北大做“泰安市域城镇体系规划”。系主任胡兆量压阵，孟晓晨、武弘麟、杨齐、刘红星等年轻教员配合，彭震伟、江小群、田文祝等研究生和 1984 级的 29 名同学参与。工作

① “复合中心城市”在理论上的解释是：大城市的形成要素（政治、经济、文化、交通等）由于某种特殊的原因被分散在空间很接近、联系很密切的几个城市时，若实现它们的优势互补，可以组合成一个带动力和竞争力很强的大都市。拿现在的时髦术语，应该就是真正意义上的“城市群”。类似理论我还应用到周口规划的周（口）项（城）淮（阳）复合中心和新疆奎屯—乌苏—独山子复合中心。

套路虽然是类似的，但遇到的问题与济宁很不一样。中心城市的战略定位争论、其他五个县（市）的双中心或三中心结构、工业布局和城址选择的颇多历史教训、小三线企业面临外迁、乡镇企业用地极度分散，等等，都是新的挑战，需要一一加以解决。我从心底体会到地理学“区域差异理论”的厉害！真的是一个城市一个样，一个区域一个样！坚信必须吃透地方情况，规划不能“依葫芦画瓢”！它支配了我一辈子的规划态度。工作结束两年以后，泰安建委还来信表扬我们，告诉了我们一系列规划建议的落实情况。

北大的城镇体系规划从山东做到浙江、福建，后来又做到广西。1990 年我主持“梧州地区城镇体系规划”，发现梧州市辖苍梧一县，从地区析出，1989 年刚刚做完体系规划，这几乎就是中心城市没有腹地的规划，而余下七个县的梧州地区，政府游离在外，仍驻梧州市内，地市分割，矛盾重重。梧州地区成了没有中心城市的区域。这类极为典型的地域不完整问题，暴露了按行政区作体系规划的弊端。广西建设厅规划处处长李春芳接受我们的建议，后来董老师主持的南宁、柳州和 1993 年我主持的桂林城镇体系规划都是在地、市分割的情况下，两者“合二为一”一次完成的，效果好得多。我特别重视体系规划前要分析中心城市的吸引范围，梧州案例促使我总结以往经常遇到的地域完整性问题，写了《区域城镇体系规划应避免“就区域论区域”》一文，发表于《城市规划》1996 年第 2 期。

1994 年北大承担“洛阳市域城镇体系规划”。这时候已经推行社会主义市场经济，承接规划需要签订合同，并由甲方给乙方支付一定的规划费用了。在这以前，哪里能请我们去做规划，为学生提供生产实习的场所，我们已经千恩万谢，并不在乎生活条件，给多少补助。这一次洛阳市诚意感人，刘振立、李国恩正、副局长亲临北大，讲明任务繁重、要求较高，最后报了价。听说我们要派出 40 多人的队伍，他们还担心地问，“如果最后经费不够你们准备怎么办？”我爽快地回答："我们自己内部解决！"事后听说，局长对此赞赏有加。三四月份进行前期考察、收集资料，七八月份大部队集中工作。没有想到，进现场不久，就有"好事者"在当地报纸上无中生有、编造谎话，说北大规划队某某某声称这次规划要占用洛河以南的隋唐古城遗址，并把此消息发给了国家文物局。这在洛阳这座古城不啻一声惊雷！在市局的支持下，我寸步不让，坚持"好事者"必须在报纸上认错致歉，才平息了这场风波。洛阳规划虽然工作辛苦，但极为愉快，也很成功。甲乙双方高度信任、理解，上下沟通及时，市里没有给我们任何必须接受或执行的观点、指标。我至今都怀念那种宽松的工作氛围。

我们也没有辜负省市的期望，经过多次方案汇报、修改，最后交出了一份不错的答卷。1997年顺利通过了由吴良镛、郑孝燮、周干峙、李准、赵士修、胡序威、崔功豪、夏宗玕等著名专家领衔的50人庞大评审团队的审查。在河南省得了奖，在环境科学出版社出了书。2003年应邀重访洛阳，有机会检验10年前的规划，我发现人口规模、城市化水平与当年预测非常接近；当时引起激烈争论的城市性质和城市发展方向已被逐渐接受；利用漯（河）阜（阳）地方铁路纳入国家路网开辟联系长三角的捷径，带动洛阳以至全河南发展的规划建议，也即将实现（高速公路已先期实现，高铁最近已经开通）。作为一名规划人员，还有什么比这更令人幸福的回报？

洛阳规划是教研室老师们最后一次多方向大协作的成果，谢凝高、陈青慧、董黎明和我都早已退休，当时的青年教师陈耀华、林坚、楚建群、武弘麟、张天新都已是资深"老"教师，当年的研究生和90级本科生很多都已事业有成，例如史育龙、孟延春、赵永革、孙雪东等，难以一一列举。现在回想当年给予我们帮助的专家领导和一起团结奋斗的师生，我除了感恩，就是感慨了！从这以后，北大进入了以个别教员为主，独立组队承接规划任务的时代。

洛阳规划还带给我一个副产品。我从1978年芜湖规划以来就一直在思考“城市经济联系方向”的问题，经过此次洛阳案例的进一步充实，回校后迅速成稿。恰好1997年10月区域规划学委会在绍兴召开年会，胡序威主任准备提携我担任城镇体系规划学组组长，嘱咐我一定要准备一个主题发言，我就用“主要经济联系方向论”为题首次在会上交流，听取意见。不过文稿《主要经济联系方向论》一直到1997年底才投到《城市规划》，次年第2期发表。荣幸的是这篇文章在2013年被收入张庭伟等主编的《城市读本》（中文版）中。

具有强烈地理色彩的城镇体系规划，从1980年代中期起步，1990年写入《城市规划法》，直至1990年代中期，都处于初创阶段，现在来总结它的短长，我认为：（1）体系规划的“三大结构”与传统城市总体规划的三大重点（性质、规模、空间布局）是相呼应的，无可非议。“三大结构”一度饱受争议，愚以为是因为有人对三个结构及其之间相互关系的简单化理解，庸俗地以不同大小的圈圈代替对市情、区情的深入分析，没有提出因地制宜的规划建议。（2）体系规划，至少北大做的体系规划，很重视对区域交通等基础设施的分析建议，但受建设部事权的局限无法组织落实，使不少有远见的规划建议一时成为“空谈”，这是很大的教训。（3）当时体系规划有对区域环境的分析建议，例如济宁体系规划，就考虑到兖济煤田的气煤煤质和微山湖的浅碟状环境，否掉了当时上大钢铁的动议，但必须承认，其重视程度与现在相比有差距。（4）基本缺失对土地供需的分析和管制，土地一票否决是后来的事。（5）普遍认为研究的色彩较重，可操作性不太高。在我的思想深处，城镇体系规划是以提供思想和战略为主的“软规划”，不能用“硬规划”加以类比。政府部门在理解与领会了规划思想的前提下，如何操作管理是他们的本职和强项，而这恰恰是学者的弱势。

记得在洛阳规划接近结束的时候，我回北京参加了建设部“全国城镇体系规划内容框架”的讨论，不久就收到由侯捷部长签发的红头文件——《城镇体系规划编制审批办法》。从此，我国城镇体系规划进入了逐渐规范的第二个阶段，其内容也更丰富了。

1994 年下半年，广西建设厅在完成了全区八大块体系规划以后，要我们汇总成自治区的城镇体系规划，虽说是扶贫性质，这是我参与过的唯一的省域尺度规划的实践。项目负责人为李春芳和我，顾问为范存举、黄菊利。除了北大的团队（朱德威、陈耀华、史育龙、孟延春、赵永革、李新峰、安宁等）外，我特请时任建设部规划司区域处处长张勤同志作为合作伙伴，承担了相当的工作量，我最想从她那里学习如何写“规划文本”，克服我们“可操作性差”的致命弱点。

工作开展后很快发现，把八片体系规划拼接起来的想法是无论如何不可行的，因为它们的完成单位和人员、规划期、指标、口径、方法，特别是思想，都不相同，加起来无法变成第九个规划。我们考察了当时的热点地区——广西南部后，一再讨论，决定把全区的整体性问题作为这次规划的重点，把八个地市的规划仅作为专题报告的一部分。

我们认为，广西是我国唯一兼备沿海、沿（西）江、沿边的省区，从面向世界的角度看，它处于西太平洋经济带“北部湾经济圈”的枢纽地位；它又是我国唯一兼备东、中、西特点的省区，从国内区位看，它处于华南、西南、华中的结合部。由于这两个特点，广西在我国起着三大通道的作用：是大西南的出海通道；是国家西南部到粤港澳经济发达区的联系通道；是我国通向东南亚的通道。除了体系规划常规的内容外，我们围绕这些特点，在空间结构上做足了文章。工作延续了很长时间，1996 年 8 月 8 日，在南宁顺利通过了自治区组织的专家评审，建设部总规划师陈为邦、中规院赵瑾、地理所胡序威和叶舜赞、自治区副主席袁凤兰和各地市各厅局领导都参加了。结论认为是一份优秀的规划。但是 1998 年新上任的自治区领导有“东南西北中”的新发展思路，刚通过的规划就作废了，要求我牵头与某规划院合作重做。北大原来的报告继续垫底作“贡献”，而实际上我已被排除在外。以往只听到我国“一任领导一轮规划”严肃性不够的批评，想不到让我遇到了。

我还做过三个县域尺度的体系规划，总的说来，有“杀鸡用牛刀”之感，县域体系做些专题研究就可以了。其中有一个县，规划刚评审完不久就进行了行政区划调整，整个县都被调整合并没了。

住建部总结多年来我国城镇体系规划的编制实践，2010 年发布了《省域城镇体系规划编制审批办法》，使城镇体系规划又进入一个新阶段。体系规划的第三阶段，我就无缘实践了。

三、发展战略规划的实践

21 世纪初，我接连做过 4 个不同空间尺度的发展战略研究。

第一个是 2000 年的济宁—曲阜都市区的发展战略研究。

1986 年我提出中国要建立都市区和都市连绵区的概念后，北大团队曾有多人，包括宋伟、孙胤社、赵新平、赵永革、史育龙，在 1990 年代参与探讨中国都市区的界定指标、方法和形成机制。在我国经济和城市化经过 1990 年代的快速发展后，无论统计上、管理上还是规划上，都已经迫切需要组建都市区[1]，以解决城市高速发展中与周边地区产生的大量需要协调的问题。

恰好在 2000 年，迎来了十多年前的“回头客”，济宁邀请我们去做“济宁大城市发展战略研究”。起因是 2000 年山东省委 17 号文件—《重点发展区域性中心城市的战略》中提出：“到 2010 年，淄博、烟台、潍坊、济宁（济兖邹曲复合中心）要争取跨入特大城市行列”。给我们的任务就是落实这一精神。

当时国内有一股通过行政“兼并”周围县市，把城市“做大做强”的风潮。山东地方领导的意思也是希望时辖市中、任城两区的济宁市联系兖州、邹城和曲阜三个县级市变成“区”，组成一个山东省南部的复合中心的特大区域性中心城市，最好改名叫“曲阜市”。

以部分老班底为主的北大团队（魏心镇、周一星、冯长春、孟晓晨，及研究生种法良、梁洁、秦波、王新峰）总觉得“行政兼并”不符合“区域平等”理念，不应该是市场体制下的发展方向，就极力建议用组建都市区的办法来解决跨区域一体化的问题。为了满足他们的要求，我带了济宁的同志去民政部咨询实现济宁“设想”的可能性，得到的回答是：济宁“绝无可能”扩区并改名迁址，市里这才接受我们的观点。研究的重点是四个城市的一体化整合，除了基础设施、生态环境、经济发展的一体化战略外，在组织管理的一体化方面，我们引入城市管治的精神，特别设计了由政府推动的都市区的协调机制，并帮助市政府起草《关于组建济宁—曲阜都市区并进行管理体制创新试点的请示报告》，请省政府转报国家民政部。成果通过评审以后，当地规划局在山东也报奖成功。

十分遗憾，后来听说这个报告到省民政厅就胎死腹中。如果当年有关政府部门思想再解放一点，能把济宁作为一次改革创新的都市区试点或示范研究，不知道今天会是什么结果！略感安慰的是，2001年12月和2003年9月我分别在“长株潭经济论坛”[2]和“中国西部城市化昌吉论坛”上介绍济宁案例。我自认在济宁已经失败的案例，却在新疆组织乌（鲁木齐）昌（吉）都市区时开花结果[3]①。我随即把乌昌都市区的报道转给济宁市委书记和山东主管规划的副省长，致信说：“济兖邹曲一体化事关重大，一万年太久，只争朝夕”。最后还是没有成功，也许我确实是太幼稚了！

2001年，一位朋友请我们做一个著名贫困县的社会经济发展战略研究，是该县三个系列规划中的一个。我带了陈彦光、冯健、秦波、王新峰深入乡镇、工厂，认真调查访谈，到了2002年应该结题

① 他们的办法是在不涉及两地行政区划调整的前提下，成立乌昌都市区党委。我为他们具有中国特色的智慧叫好！

的时候，居然没有人来接收成果。我几次给县政府写信，没有回复，一直等到2003年5月，不得已，我以最精炼的文字，把总报告中的“主要结论与建议”提取出来，给县政府寄去，连回信也没有收到。这次失败也许是“一任领导一轮规划”的极端例子。

2002～2003年的“山东半岛城市群发展战略研究”，是我的第三个规划性发展战略研究，属于都市连绵区尺度。

山东是我参与城市规划最多的省份之一，其中山东半岛这个课题用力最多。记得2002年7月山东建设厅发出课题招标通知，因为特殊的山东情结，请博士生沈金箴把我的想法以“山东半岛城镇密集区发展战略研究”为题写成标书前去竞标。据说评标有一条规定，费用比标底每高出5万元扣一分。我的标书比标底价高出很多，但因为“诚信分”很高，最后还是赢了。山东对我们的抬爱令人感动，也更感责任重大。课题组由我的团队（曹广忠、陈彦光、沈金箴、王茂军、郑国、赵群毅、秦波、王新峰、姜世国）和当时在发改委国土地区所工作的史育龙的团队（申兵、李忠、欧阳慧）两部分组成，山东省可持续发展研究中心张林泉、北大韩光辉特邀参与。建设厅杨焕彩、昝龙亮正、副厅长等干部与我们配合默契，省领导始终高度重视，领导有方。

甲乙双方为了课题名称用不用“城镇群”讨论良久，最终我做了妥协，但在研究中仍把山东半岛用都市区和都市连绵区的思路来对“城镇群地域”进行有序化组织，既坚持了我方观点，也尊重了甲方的想法。想当年，两次大规模实地调查以后，北京就闹了三个月的“非典”。我们正好利用“非典”学校停课的间隙专心致志地工作，赢得了成功。

课题报告提出的不少观点被山东省领导所认可、采纳。也许，其中被提到最多的是6个战略中的“龙头带动战略”。我们充分说理、态度鲜明地提出“青岛强则半岛强，半岛强则山东强”，主张以青岛作为半岛地区的经济龙头，以半岛都市连绵区作为山东发展的龙头，并力争成为黄河中下游地区的龙头。为此，山东省还专门召开过“突出发挥青岛龙头带动作用工作会议”。可以说，我从2002年实地调查开始，一直到2003年完成省部级联审，始终都感受到山东“双中心”之间复杂关系的消极作用。在中国的特殊国情下，我们清醒地认识到，二者真正形成合力，绝不是一朝一夕的事!

这次的研究报告围绕“发展战略”，结构十分简洁。主要是以辩证的观点分析区域优势与限制因素，提出战略目标和六个发展战略，每个战略有“依据”“内容”“对策措施”三个部分。时任山东省委书记和省长分别为成果的正式出版写了序。此书在规划界似乎反响不错。

第四个是2004年主持“武汉城市总体发展战略规划研究”。

中规院、同济、武汉院、北大四家规划单位同时做武汉的同一个课题，这种架势我第一次遇到。由此可以判断，当时我国城市规划的热度是何等之高，经费也很充足，同时也营造了一种各家相互竞争的气氛。我们以前对武汉没有调研等工作基础，全程只给半年时间，面对三家实力强大的兄弟单位，此项极具挑战性的工作使我倍感压力。我们配备了精兵强将（冯长春、贺灿飞、曾辉、冯健、钟雷等老师及5名博士生、4名硕士生）认真对待。在内部统一思想，要坚决贯彻刚提出不久的“科学发展观”，不为当时国内的城市过热发展、无序竞争、片面做大做强推波助澜；要发挥我们的特长，冷静地提出一些问题，研究一些问题，解决一些问题，把它作为一个x年的发展战略研究。

2004年6月签约，立即投入资料收集、调查考察，然后分专题分析。8月26日内部交流，同一天却得到通知：9月2日进行中期汇报，介绍各家主要观点。我们的工作习惯是“三分规划七分研究”，前期工作花费的时间较长，还没有来得及形成观点，如何汇报？我只能在汇报会上如实讲了研究框架、时间安排，结果受到主持会议的副市长的点名批评，认为北大进度太慢。我一生“荣幸地”受到高官的点名批评一共有两次，这是其中之一。在午饭的餐桌上，我轻声地向坐在主位的副市长说：“请市长不要急于批评，好坏请看最后成果”。北大最后总报告的主体由九个问题的思考和七个相应的战略建议组成。质量应该说还过得去吧！对冯长春的土地、贺灿飞的产业、曾辉的环境生态和冯健的人口等专题，我觉得都不错，从中我也学到不少新知识。我则形象地提出了武汉“成‘弓’战略”。据说“北大武汉冷思考”的话题现在偶尔还被提起。武汉课题成果的最后汇报是请冯长春老师来做的，这也是我主持的课题唯一一次没有亲自汇报。回想当时，大概身体已显疲态，而冯老师也成竹在胸、足以担当！

四、没有尽职的一次重大规划实践

2006 年由广东、香港（后来澳门加入）的规划主管部门，联合申请“大珠江三角洲城镇群协调发展规划研究”课题，委托北京大学和广东省城乡规划设计研究院具体承担，我被推举为项目总负责人。李贵才通知我的时候，我毫无思想准备，一再推辞，也未被允应。一旦承诺即应负责到底，是我的一贯原则。可惜从 2006 年 3 月到 12 月，我参与了课题的项目启动、在香港和珠三角的调研、专题交流等活动后，不久就罹患癌症，长时间在医院与死神搏斗。度过了七次化疗后的危急时光，冒险放弃了继续化疗，决心出院慢慢恢复，这就错过了后来的绝大部分实质性工作。没有想到还能活着在 2008 年 11 月和 2009 年 4 月先后两次阅读“大珠课题”的成果报告，2009 年 10 月参加在澳门举行的成果发布会。在李贵才、杨细平等的带领下，课题组高质量地完成了我国第一个跨不同制度边界的策略性区域空间协调研究，并获得广东省和住建部的奖励。惭愧，我成了一名十足的“摘桃派”！但是，我的城市规划生涯以此画上句号，作为大珠课题团队中的一员深感荣幸！

五、新时代，待新人

时间都到哪里去了？我上面跨度 40 多年的“流水账”给出了部分回答！

现在想，40 多年前高校经济地理专业向应用方向——城市规划转向，无疑是正确的。对于当时支持、包容我们的各方人士，我们始终念念不忘、感恩在心！

我把参与城市规划项目，看作城市地理的社会实践，相当于“演员”要“体验生活”。在实践中既为社会做了事，更重要的是它推动了地理学自身的发展，一些论文由此而催生。因此，对这些工作过的地方始终怀有一种特殊的亲切感。

联想到今天国家新的机构改革，40 多年前经济地理没有对口单位的困扰早已一去不复返。现在地理学和城市规划的方方面面几乎都有对口单位，问题反倒变成你的学科是否适应社会的需要。以城镇体系规划为例，虽然目前是法定的，未来就难说。即便如此，只要地理学者从自己的综合性、地域性和宏观思维的特点继续创新，掌握好新的手段，就应该能在“新时代”的空间规划体系里作出新贡献。

每一项规划实践都是甲乙双方许多人共同努力的集体成果，由于篇幅、行文和记忆的限制，短短的回忆文章不能尽情表达出来，请朋友、同事、同学谅解。

“过去的已经过去，未来尚且遥远，对于我们这代人来说，今天，只有今天！”[4]

感谢罗翔同志在本文定稿过程中给予的许多精彩建议！

参考文献

[1] 胡序威，周一星，顾朝林，等. 中国沿海城镇密集地区空间集聚与扩散研究 [M]. 北京：科学出版社，2000：39–42.

[2] 周一星. 用都市区作为组建复合中心城市的平台——以山东济宁—曲阜都市区为例 [M] // 张萍. 长株潭经济论坛. 北京：红旗出版社，2002：286–300.

[3] 乌市与昌吉州将实现经济一体化 [N]. 光明日报. 2005–04–26. http://politics.people.com.cn/GB/1026/3350793.html.

[4] 北岛. 创刊词 [J]. 今天，1978（1）.

规划专业四十年教学与科研回顾

魏清泉

作者简介

魏清泉，1941年11月出生于广东省五华县。中山大学地理科学与规划学院，教授，博士生导师。1964年中山大学经济地理专业本科毕业。1967年中山大学经济地理专业研究生毕业。1969～1971年五华县革命委员会政工组干部。1971～1980年在广东省委机关报《南方日报》任记者。1980年11月至今，在中山大学地理科学与规划学院任教员、讲师、副教授、教授、博士生导师。曾任珠江三角洲经济区规划专家组城市规划专家组组长，曾兼任中国地理学会经济地理专业委员会委员、中国行政区划与地名学会行政区划专业委员会委员、建设部高等城市规划学科专业指导委员会委员、建设部高等城市规划学科专业评估委员会委员、中国城市规划学会区域规划与城市经济学术委员会委员、广东省土地学会副理事长、广东省房地产协会副会长，现任广东省行政区划与地名促进会副会长、广州市房地产协会副会长。

中国城市规划学会区域学委会邀请撰写改革开放40年来的回忆文章，笔者应约将点滴回忆记录如下。

一、新的起点

改革开放后，我国第一批访美的新闻代表团成员《南方日报》张涛记者介绍美国情况时，谈到了美国农业专业化问题。那时，我仍在南方日报社工作，受其启发，我重翻了本科毕业论文，并以记者的身份到省直有关部门采访，对农业专业化问题作进一步研究，着重探讨农业专业化的概念，专业化与综合发展的关系，我国农业专业化发展基础与未来的对策，还提出了发展农业专业化的建议，重写了《调整生产布局，发展农业专业化》一文。该文章近万字，《南方日报》于1979年7月22日第二版专版全文发表。这是我第一篇公开发表的学术论文，因此，我把它看作为学术工作的新起点。

二、编写教材

1980年我回到母校中山大学地理系任教员。上任后接到的第一项任务是，明年下半年要开出一门新课程“区域研究与区域规划”。这门课怎么讲，讲什么内容，系和教研室没有明确的要求，只有一个指标，就是84学时。我请教有教学经验的老师：“讲一小时课，要多少中文字数？”回答说：“大约3500字”。这就意味着必须写出25万～30万字的讲义，才能承担这门课程。

当时未见有国内的关于区域规划的教材，在中山大学图书馆只能找到两本参考书，一本是《苏联工业区区域规划》，另一本是俄文版的《区域规划工程师手册》。根据这两本书和一些期刊文章，我拟出“区域研究与区域规划”课程体系，大体上分三部分，第一部分为概论，第二部分为区域研究，第三部分为区域规划，共如下九章：

第一章　概论

第二章　区域发展的基础

第三章　生产结构

第四章　地区差异与地域分工

第五章　区域研究的基本资料与收集方法

第六章　区域规划的基本任务

第七章　区域规划的依据和理论基础

第八章　区域规划的主要内容

第九章　区域规划的编制

我用了10个月时间编写出的这本讲义，从1981年一直用到1993年。每年对各章节的具体内容有所更新，但体系基本未变。

教材是学生获取知识的主要来源之一，也是保证教学质量的必要条件。一套优秀教材不仅应包含国内外该领域先进的理论，还应联系我国当前区域发展和建设的实际，提出有助于克服时弊的对策与建议。教材应与时俱进，及时更新。原来的讲义，一些内容已经老化，没能反映出新时代出现的众多新理论、新问题与新探索，因此，1990年代我编写了新的教材，并得到中山大学教务处的支持和学校的资助，1994年由中山大学出版社正式出版了《区域规划原理和方法》。该书据说印刷了5000多册，不到半年便销售一空。以后，该书曾重印多次，一直用作中山大学区域规划课程的教材。该书调整了课程体系，增加了新理论、新内容。资料的来源主要有两个：其一，我主持了广东省新会县县域规划、茂名工业区区域规划、广东省城镇体系规划等规划项目，有了切身的体会，加深了对许多问题的认识；其二，得益于学术交流，我参加了很多国内学术会议，从中收获很多。香港大学的多名教授来中山大学讲学时，介绍了很多新概念、新理论。我到香港大学进行学术交流时，买到了一本台湾成功大学的教材——由黄丙坤编著的《区域计划》（台湾大行出版社印行），可供借鉴和参考。

1990年代后期，南京大学崔功豪教授邀我参加面向21世纪课程教材《区域分析与规划》的编写，负责其中的四章：区域规划及其发展、区域发展战略、区域经济空间结构理论、区域土地利用与保护。这时候，国内的国土规划、区域规划实践多了，我参加了珠江三角洲经济区规划、广东省东部沿海地区区域规划、广东省西部沿海地区区域规划，还担任这三个规划的城市规划专家组组长，对区域规划有全过程的了解，规划内容有关的参考文献也比1980年代丰富得多，所以教材编写的难度要比过去小些。这部教材于1999年由高等教育出版社出版，并被国内高等学校地理专业和城市规划等专业广泛使用。

《区域分析与规划》出版至今，我们作过两次大的完善，书名也改为《区域分析与区域规划》，2006 年出版第二版，2018 年 7 月出版第三版。据高等教育出版社信息，这部教材第二版印刷了 16 次以上，销售量超过 20 万册。

三、讲课

讲课是教师最基本的职责，也是极大的考验。讲课的质量应作为评审教师职称的依据之一。

有了讲义，有了教科书，学生可以自己看。既然学生可以自己看懂，老师在课堂上该如何讲？着重讲些什么？我的体会如下。

（一）把基本概念讲清讲透

如区域分析和区域规划课程，首先把“区域”和“规划”这两个词讲清讲透，用实例讲明概念。什么是区域、区域的特征、区域的类型。然后再讲规划，规划的内涵、规划的意义、规划的局限性、规划的必要性、不同类型区的规划特性、规划与计划的关系。概念清晰，理论才能深入。

（二）多举实际案例

学生在课堂上爱听实例。如讲区域定位时，就以广东省茂名市的定位为例。过去茂名定位为油城，因此西部为工业区，东部为商住区，城市向东发展。后来，三茂铁路布置在城区南边，紧挨市区。1990 年我们在开展茂名工业区区域规划时，认为茂名应定位为滨海港口城市，电白县的水东港可发展为茂名海港。定位一变，城市发展方向就会变化，由过去向东改为以后向南发展为主。这样一来，三茂铁路就成了向南发展的门槛。原定在市区南部 9 千米外建设的茂名乙烯厂以后就会变为城市中心的污染源。这个例子对定位的重要性及如何定位都会有所启发，能起到举一反三的作用。

（三）联系实际，综合分析问题

如有台风来临时，讲台风的利弊。我们对台风第一反应应该是高兴。俗话说，“水为财”。台风带来大量雨水，增加了巨大财富。若没有台风，广东将会是异常干旱。对于台风的灾害，要趋利避害，如在上游建山塘、水库、拦河坝拦截雨水，植树造林，筑谷坊，防止滑坡等地质灾害；在中下游筑大坝、建水闸、设电排站，以防洪排涝。下游的城市可能出现水浸街，有哪些渗、滞、吸、蓄、净、排的工程设施可将宝贵的雨水就地消纳并“释放”出来供城市使用？台风对城市的经济活动又有哪些直接的影响？例如民航可能停飞，轮船可能停航，出来活动的人群少了，餐饮服务也可能收入减少，市场上的菜价可能上涨。有时候也讲讲抗风的问题，木麻黄防风林带可以抗风，海上红树林可以防浪，因此规划时要注意“南海长城”防风林带的构建。

分析这些问题，要占用一些上课时间，但对培养学生区域性、整体性、综合性的思维习惯与能力，一定会有极大的帮助。

四、带实习

实习是教学活动的一个重要环节，生产实习尤其受到学校的重视。然而，有些地方的领导人，一听说是学生实习就以为搞不出什么名堂，不会给予足够的重视。我曾经遇到过这样一件事。

1987 年 9 月，我与司徒尚纪、倪兆球、胡华颖等老师带领经济地理专业 84 级的同学到广东省新会县开展县域规划实习。出发前半个月，学校里一位好心人劝我：“县域规划涉及面广，内容复杂，困难不小，你们还是别拿这个项目做实习为好。”我深深感谢其好意，但还是抱着“闯一闯”的态度，带领 30 多名本科生去了。

果然不出所料，到新会县后只有县长叶英昌向我们介绍了基本情况和县的简单的发展想法。20 多天过去了，求见县委书记都没门，说是“没有时间”。我曾在县机关工作过两年多，深知县委书记忙，但没时间是套话，只要他认为重要的事，再忙也会抽出时间来见一下。

眼看就要到国庆了。实习时间过去2/3，还见不到县里第一把手，心里真着急。我硬着头皮到县委办公室求见县委书记。办公室的吴主任问："你想谈什么？"我说："福建有个金三角，国家利用得很出色；新会也有个金三角，书记打算怎么用？"

没想到这一招真灵。不到半小时，县委书记就要见我们几位老师，要谈会城、古井、双水三乡镇之间金三角的规划问题，中午还招待我们吃饭。此后，与县委书记、县长见面、交谈就极便利了，对规划方案的形成很有帮助作用。县域规划通过专家评审后，新会县人大常委会还对《新会县县域规划纲要》作出决定，其中指出："规划纲要是我县到本世纪末经济和社会发展的总体战略部署，是今后我县编制国民经济计划和城乡建设规划的重要依据……县政府要按照这个总体规划，另行编制一个相应的经济发展规划……要迅速组织力量对'小三角'地区的土地利用、岸线开发、功能分区、布局形态、基础设施等方面进行具体规划。"

带实习，既是教学生，培养他们的动手能力，也是老师发现教学存在问题和薄弱环节的好机会。就是去新会编制县域规划那次实习，我发现过去教学内容上有两个薄弱的地方，一是在现状分析时，不会总结县的经济特点；二是在研究产业结构时，不知道从哪里着手去寻找主导产业。实习时，安排两位同学负责总结县的经济特点，另两位同学负责探讨未来的产业结构与主导产业选择。讨论时两路人马都感到困难。实际上，对于区域经济特点，在经济地理或城乡规划课程上都会涉及，只不过没有集中起来。比如是富裕县还是贫困县？经济增长速度如何，是快还是慢，从速度可以看动力和未来趋势。又比如经济结构，主要产业是什么，是农业还是工业？产业的空间分布如何，是集中在某一部分，还是均衡布局？这些内容都可以反映出一个县的经济特点。把这些内容集中起来，起码可以从如下四个方面去探讨一个地方的经济特点：(1) 经济发展水平；(2) 经济增长速度；(3) 产业结构；(4) 经济空间分布状况。有了这次教训，以后实习时，都会先谈谈如何反映地方经济特征的问题。

至于主导产业的选择比较复杂。经过进一步探讨后，我概括了选择原则，详细地写进了1994年出版的《区域规划理论和方法》里，并提出了五个选择原则：(1) 适宜性原则；(2) 收入弹性原则；(3) 生产率上升率原则；(4) 关联原则；(5) 市场分布原则。撰写这些内容很大程度上是在新会县县域规划时得到的收获。

五、编制规划

近40年来，我主持和负责的规划项目有三四十个，从中切实感到编制城乡规划和区域规划要十分关注如下几点：

（一）规划方案要有新意，有亮点

一项规划，涉及面广，包含的内容很多，规划方案很难做到全部都是新的。其中不少内容或多或少是吸收其他部门、其他单位的研究成果。但在重大项目和关键问题上要有新意，有亮点。

1998年主持编制广东省惠来县县城总体规划。那里有一个很大的农贸市场与肉菜供应市场合在一起的市场，每天集市的群众过万人，但市场里没有一处公共厕所，一旦有人急需起来，该如何解决？社会上常见这种现象，许多公用设施或公共服务设施，如公厕、垃圾收集点、殡仪馆、污水处理厂等，是大家需要的，但放到哪里，哪里就会有人反对，很难定点。在城市总体规划中公共厕所定位是小项目，但我们把市场的公共厕所选址作为难点来处理，最后在旧城改造中加以解决。县的主管部门很是满意，说帮他们解决了一大难题。

2005年前后，我们负责编制江西省赣州市城镇体系规划。在会昌县城调查时，我与博士生游细斌等思考一个问题，如何能迅速推进赣州地区的经济发展？受京九铁路建成后赣南地区西部发展快、东部发展相对缓慢的启发，我们又知道南昌至瑞金已规划了一条铁路，于是我们想能否从瑞金至广东省的兴宁市建一条“瑞兴铁路”，与广梅汕铁路连接起来，使汕头港成为赣南的主要出海口呢？我们从小比例尺地图上量算，瑞金至兴宁大约210千米，其中120千米在赣州境内，90千米在兴宁境内，于是便把瑞金至兴宁的铁路建设列入地区交通网络规划。没料到，在市里征求各部门意见时，交通局的领导说，国家有专门的铁路规划设计部门管铁路选线，搞城市规划的可以不管。但我们没有接受这个意见，还是把瑞兴铁路建设作为规划方案。不久，我参加广东省发改委主持的广东省东西北地区发展讨论会，把这条铁路的线路方案及其建设意义提出来，当即得到省发改委总经济师的支持。后来，瑞兴铁路方案得到国家主管部门的认可，现正在实施中。瑞兴铁路的名称也许会发生变化，但这条铁路线的提出，使整个城镇体系规划出现一个亮点，规划的意义和作用大大提高。

（二）尽可能有多方案比较

2004年我负责“广东省行政区划调整规划（2004 ~ 2020年）”的研究项目，其中最难处理的一个问题是如何对待地级市和地级市代管县。按照《宪法》，我国没有地级市这一级行政区的设置，但地级市又确实已经存在多年，且代管着县级政区。如果国家层面没有规定，省政府是无法解决这一难题的，而省级行政区划调整规划又不能绕开这一级行政区划。于是，我们便做了三个方案，第一个方案是保留地级市的现状，进行全省行政区划调整的方案；第二个方案是撤销地级市，由省直管县的全省行政区划调整方案；第三个方案是在适当调整地级市的基础上进行全省行政区划调整方案。有了多方案的比较，既不脱离现实，又有未来的目标要求和实施途径，省政府负责人认为规划切合实际，目标明确，可操作性较强，因而比较快得到通过。

（三）针对性强，讲求效益

应广东省五华县政府的邀请，我作为“五华县县城总体规划

（2012 ~ 2030 年）”的技术总负责人，参加了该规划的编制。五华是广东省的一个大县，面积 3226 平方千米，150 多万人口，县城面貌却十分落后。上一版的总体规划（2003 ~ 2020 年），对县城的发展预测过于超前，对于县城的景观风貌塑造指导不够，未能反映“两江汇流”和“群山环抱”等地域特色。我们经过调查研究后，认为应对其用地发展方向、工业布局、路网结构等进行大的调整，提出了新的规划设想，前后经过三年多时间，编制出全新的城市规划方案。主要的构思和内容有：（1）利用两条新建的高速公路，重构县城由内向外发展格局；（2）以县城中部为核心，构建产城联动发展圈；（3）县城用地方向进行战略性调动，由原向北发展改为向南发展；（4）工业布局，由西调向东，在东部的油田村周围布置近 20 平方千米的工业区；（5）沿三条主干路，城区由北向南三路推进，在南部规划建设琴江新区；（6）交通系统，把过境的省道甩到西部山边，内梳外联，形成快、慢相宜的路网结构；（7）根据两江四岸自然格局，实行堤路结合，规划 4 条 24 米宽的滨江道路，充分利用水景资源，塑造滨水城市风貌。规划编制过程得到县政府密切配合，我还作了一个上午的“城市规划”专题讲解。因此，规划能做到一边规划一边实施，成效较快出现。现在，交通不畅问题得到缓解，堤路结合的四条沿江大道成了景观大道，新的工业产业园区有了眉目，健康城、汽车城、家居城、奥园广场、滨水公园、综合服务中心等项目正在推进建设，两江四岸出现新景观。五华县城总体规划项目获得“2015 年广东省优秀城市规划设计成果二等奖”。群众普遍说县城变漂亮了。

六、社会兼职

除了担任广州市政府决策咨询顾问约 20 余年，我还担任过中山市、茂名、南海等市、县、区 20 多个地方的政府顾问，对各地的发展、建设和管理曾有许多建议，不少已变成现实。其中印象深刻的有以下几个。

（一）龙穴岛海港建设

1992 年，有一次广州市政府邀请顾问组座谈广州城市建设问题，有广州日报社的记者参加。会上，我提出三条建议：(1) 少建地面停车场，多建地下车库，以节约集约用地；(2) 珠江两岸少建高楼，多建平房、低层建筑，以保护珠江江面宽阔的景观；(3) 21 世纪广州的外港，不是黄埔港、新沙港，而在龙穴岛。为什么会提出在龙穴岛建港？因为那时我正在编制珠江农场的规划，到现场调查，踏上原规划以旅游为主要功能的龙穴岛，被宽阔的江面、一阵阵的巨浪吸引住。后查找有关地图和资料，龙穴岛周围的水深最少可通行 3 万吨以上的巨轮，比新建的位于东莞麻涌的新沙港（2.5 万吨泊位）的运输条件还要好，因此就产生改变旅游功能，在那里建海港的念头。会后，记者要求我将发言整理成文字，《广州日报》以“广州城市建设的几个问题”为题目，列了三个小标题公开发表。龙穴岛就是现在南沙港所在地，经过开发，已可通航 5 万吨以上的海轮（听说拟建 8 万吨级的泊位）。

（二）白云国际机场候机楼的区位改变

1987 年腊月，时任广州市委政策研究室主任的马余胜同志与其他三位处长一起来到中山大学，原想同我研究广州新的白云国际机场建设与白云区发展的关系问题。当马主任展开白云新机场平面布局图时，机场主楼（即候机楼）端庄地布置在机场跑道北边的位置上，异常显眼。

我问：“候机楼为什么在跑道的北边？”

马主任说：“原先布置在南边，但花县愿意无偿提供土地建候机楼，故最近调整到北边。前两天市长办公会议已经通过。”

我问：“还能改动吗？”

马主任说：“市长办公会议通过了，一般难改。”

那天，整天不是滋味，心里总想着候机楼的区位问题。越想越觉得机场主楼放在机场北端极不合理。我简单算了几笔账：（1）旅客的经济负担和交通时间。新机场未来的乘客绝大部分来自南边的广州市区方向，而不是北边的花县方向。机场跑道是近南北向摆布的。若把机场主楼布置在跑道北端，无疑要绝大多数的乘客每乘一次飞机就要多走 3200 ~ 4000 米（跑道长度）以上的路程。按当时小客车（出租车）收费标准，增加 3200 米的路程，一次就要多支出 11 元。来往旅客每年按 1000 万人次计，旅客交通费要多支出 1.1 亿元 / 年。如果机场旅客吞吐量一年达到 6000 万人次，多付出的交通费便是 6.6 亿元 / 年。交通时间上的浪费折成货币值，那就更大了。（2）从广州市区至新机场轻轨建设增加的投资。根据广州市当时的城市总体规划，地铁 2 号线至黄石站后，向北行，出地面后再建轻轨至机场（以后作了改变）。将机场主楼从南调到北端，轻轨铁路线起码要延长 3.2 千米以上。按当年的建造成本，按每公里 2 亿元计，轻轨铁路线的延长需要增加建设投资 6.4 亿元。（3）广州至新机场快速道路建设增加的投资。候机楼从南移到北，从广州至机场的快速道路需增加 3.2 千米以上的里程。按当年的建设成本，以每公里 5000 万元计，相应增加的道路建设费用在 1.6 亿元以上。当然，若新机场主楼建在南端的话，从花县到机场也要有便捷的快速路连接。但从北至南方向的客流量少，道路等级和红线宽度可以适当降低，因此建设投资也还是比较小的。

经过一轮简单的分析，更觉得应该把这件事向广州市政府提出来。于是，我连夜写了《关于新白云国际机场候机楼布局的意见》送交市政府。广州市人民政府决策咨询顾问团的《决策与咨询》很快将其刊登。据说，该建议引起市的领导层高度重视，重新开会研究，决定把候机楼的区位调整到南边，就是现在使用着的第一候机楼的位置。这个调整方案也得到了上级航空运输管理部门的赞同，因此很快得到落实。

（三）将洛湛铁路引入粤西

洛阳到湛江的洛湛铁路是国内一条重要的南北干线。原来的设计方案是自洛阳向南到湖南省冷水滩与湘桂铁路相接后，再南下永州、江华，入广西贺州、梧州、苍梧至岑溪，从岑溪转向西南，至玉林，利用已有的黎湛铁路到广东省的湛江。

得知这一信息后，我认为有些不妥。黎湛铁路的运量已近饱满，再加上一条南北方向的干线，运量巨大，会不会造成黎湛线的“梗塞”？

那时，我与中山大学的罗章仁教授、中交四航院的钱兆钧总工程师正探讨着在茂名市电白县东部的莲头岭东边建设10万吨级以上的深水大港问题。我把洛湛铁路与莲头岭海港联系起来，思考能否把洛湛铁路引入茂名与深水大港紧密结合的问题。深水大港需要有铁路疏运，引入铁路需要有货运支持。当时广东与我国北方的铁路运输只有一条京广线，太少了，粤西应有一条南北向的铁路运输线。如能把洛湛线引入茂名，且与深水海港衔接起来，那么，茂名有可能发展为粤西的综合交通枢纽，对广东省粤西的南北运输也意义重大。

在茂名市政府聘请政府决策咨询顾问会上，我用了45分钟，详细讲述了将茂名市打造成为粤西综合交通枢纽的建议，提出把洛湛铁路引入粤西的方案，即洛湛线自北向南至广西壮族自治区的岑溪后，改向东，至广东省罗定县，再南下信宜、高州、茂名，经吴川至湛江。

那天下午，茂名市发改委的李主任又要我到其单位，在全体干部会上重述建设粤西综合交通枢纽的有关问题，其中建设莲头岭深水大港和洛湛铁路引入茂名是重点。

两个月后，当时的茂名市市委邓维龙书记和林雄市长与市的领导班子主要成员来到广州，专门就莲头岭深水海港建设和洛湛铁路引入茂名的问题与我详细交谈，并要求写出书面材料。一个星期后，文字报告交给了茂名市。据茂名市发改委李主任说，这份材料连同市的报告，上报国家铁路管理部门，得到支持和认可。现在，洛湛铁路引入茂名的工程、博贺深水海港（莲头岭并入）建设工程都正实施中。

（四）广东省“绿色住区”的标准

1990 年代末我国住房制度实行改革，房地产业迅速发展成为国民经济的支柱产业。广东省的大中城市乃至县城建设了大量的新型住区。虽然这些住区缓解了城市住房紧张的矛盾，但各地在土地资源和能源耗费等方面也付出了巨大的代价，在不少居住区美丽景观的背后存在着区域生态退化和居住大环境被破坏的问题。面对这种状况，2001 年我担任广东省房地产协会副会长时，向协会建议开展“绿色住区”考评活动，得到了会长陈之泉、副会长蔡穗声等的支持。经理事会决定，由我起草了《广东省绿色住区考评标准》。同年 10 月，《广东省绿色住区考评标准（试行）》和考评办法正式诞生。试行的标准共含 6 大项、87 个子项考评内容，涵盖了居住区建设的全过程及全方位。该标准在实施中不断结合形势的变化和要求的提高，于 2004 年、2005 年、2009 年进行了三次修订，内容更趋合理。考评标准指标体系体现了绿色住区建设的总目标，以可持续发展思想为指导，全面评价了住宅区环境的各个方面，包括住区规划、设计、建筑工程质量、建筑材料、生活能源、住宅功能、环境质量、物质消耗、住宅产业化等方面，也有反映物业管理、文化娱乐活动、社区人际关系等方面。2009 年版的《广东省绿色住区考评标准》设置为 7 个大项、24 个分项、88 个具体考评小项。这套标准连续使用了十多年，在优化广东住区建设方面起到了积极的作用。

摸着石头过河

——改革开放中我国城镇体系规划的探索实践回顾[①]

顾文选

作者简介

1942年8月生于安徽五河县，2020年6月18日因病去世。1962年考入北京师范大学自然地理专业，1981年北京师范大学外国经济地理研究生毕业，理学硕士，研究员。先后在国家城市建设总局、城乡建设环境保护部和建设部城市规划司任区域规划处正、副处长和规划司副司长等职务，曾任中国城市科学研究会秘书长，中国城市规划学会区域规划与城市经济学术委员会副主任等。1982年以来一直从事城市规划技术政策和管理工作，参与了改革开放以来国家城镇化发展政策研究和城市规划改革实践及有关立法工作，参加、组织和管理过多项国家城市发展与区域城镇体系规划项目。

改革开放40年来，我国经历了世界史上规模最大、速度空前的城镇化进程。与工业化和第三产业迅速发展相伴生的城镇化已经成为当今社会的主体形态。2017年我国城镇人口已突破8亿人，占总人口的58%。城镇的空间布局形态也发生了巨大变化，城镇群，包括东部沿海各省不同规模的城镇群、沿综合交通走廊的城镇带及各中心城市的市域城镇体系，构成了我国城镇化的主要空间形态。这已获得广泛共识，并明确地反映在中央、国家的有关决策文件中。2015年中央城市工作会议提出“要以城市群为主体形态，科学规划城市空间布局，实现紧凑集约、高效绿色发展”。2017年党的十九大报告重申

① 本文初稿曾得到原建设部城市规划司赵士修司长的审阅和校订，文中所述各项规探索实践也是在他的统筹指导下完成的。谨此致谢。

“以城市群为主体构建大中小城市和小城镇协调发展的城镇格局”。在此之前，由十届全国人大常委会通过的《城乡规划法》，已把城镇体系规划纳入城乡规划的法定系列，并首次明确其在城乡规划体系中的法律地位，即“全国城镇体系规划，用于指导省域城镇体系规划、城市总体规划的编制”。

但是在改革开放之初，城市群及相关的城镇体系规划无论在规划行业内还是社会上都还是相当陌生的概念。1950 年代我国曾开展区域规划工作，主要是配合国家重点工业建设项目选址与建设，相关布局建设一批城镇，但并没有涉及任何城镇体系和布局原则。直到改革开放步入 1980 年代，我国吸收发达国家经验，从“六五”（1981 ~ 1985 年）起开展国土规划，并开始提出开展区域城镇布局规划，作为国土规划的组成部分。我当时在建设部城市规划司区域处工作，曾有机会参加了《1985 ~ 2000 年全国城镇布局发展战略要点》的编制工作。编制从 1983 年开始，逐省区调研座谈，到 1985 年完成《2000 年全国城镇布局发展战略要点》的文字报告和相关附图，经部务会议讨论和部领导审阅后报国务院并纳入全国国土规划纲要。我当时负责文字报告的起草工作。报告除预测 15 年后全国城镇人口发展目标和新城市发展目标外，注重提出全国城镇空间发展布局和国家城镇体系框架。当时提出我国城镇空间布局重点发展沿海 4 块城镇密集区（珠三角、长三角、京津唐、辽中南），并逐步向中西部推进；报告初次提出了“我国城镇体系等级结构”的概念，其框架由五级中心城镇组成。如，第一级为全国和国际性中心城市（京、沪、港），第二级为跨省区域中心城市（7 个），第三级、第四级分别是省域和省内经济区中心城市，最后第五级为县域中心城镇。规划要点获得专家组的肯定。由于全国国土规划纲要一直未获得中央国务院的批复，作为全国国土规划组成部分的全国城镇布局发展战略也因此没有公开发布和传播，只是以国家计委国土局和建设部规划局的名义发到全国建设系统和国土规划系统。

1985 年中央关于“七五”（1986 ~ 1990 年）经济社会发展建议首次提出“要逐步建立以大城市为中心的，不同层次、规模不等、各有特色的经济区网络”，相应地，“应当以大城市为中心和交通要道为依托，形成规模不等、分布合理、各有特色的城市网络”，经济区网络和城市网络概念的提出是改革开放认识论上的一次飞跃。从此城市群、城镇体系开始进入社会公众的视野，城镇体系规划不仅为学者专家论述，而且开始进入规划编制实践领域。

1980 年代中后期，沿海城市经济技术开发区迅速发展，沿海开放地带初步形成，全国国土规划也日渐深入，提出了我国经济发展和布局由沿海地带沿长江和陇海—兰新路桥向中西部延伸的设想。我们首先开展了“上海经济区城镇发展和布局规划要点”的探索，接着又配合做了两件事。

一是配合原水电部《长江流域综合利用规划》的修订，以城乡建设环境保护部城市规划局名义主持开展了“长江沿江地区城镇发展和布局规划”，局区域处全力以赴，中规院派员（闵希莹等）全程参加调研，沿江各城市积极配合，1984 年启动，我们走访了沿江下自上海、上到宜宾各主要城市，1986 年提出《长江沿江地区城镇发展和布局规划要点》。分析了长江沿江经济、产业、交通发展条件趋势，提出沿江城市生活岸线和运输生产岸线兼顾的原则，提出“以城市为依托，逐步建设沿江产业密集带，形成长江综合经济走廊”。在此基础上提出“沿江地区上中下游各有 1 ~ 2 个经济实力比较雄厚、规模比较大的中心城市作依托，如下游依托南京，中游依托武汉，上游依托重庆，全流域依托上海；围绕这些中心城市，沿各级交通干道初步形成多层次的城镇群体，为今后的发展打下良好的基础”。规划成果经论证和部审核后报送并纳入长江流域综合规划，同年该规划获得国务院肯定批复后发布。

二是在原国家计委的指导支持下，联合铁道部、交通部、民政部、水利部等有关部委开展了“陇海—兰新地带城镇发展与布局规划”工作。陇海—兰新地带涉及苏鲁皖豫晋陕甘宁青新等10省、区，为横跨东中西4100多公里的狭长地带，是贯穿欧亚大陆上万公里的大陆桥之东段。力争规划的科学性、前瞻性并对各地发展有指导作用是当时考虑的重点。一是成立跨部委的规划协调综合组［国家计委国土司黎福贤副司长和我（时任城市规划司副司长）主持］，发动各省、区参加并对主要节点城市进行实地调研；二是开展几项重要的专项研究，如协调部科技司请中规院开展“陇海—兰新地带城镇发展条件研究”，在铁道部规划司史善新同志的支持下，请北方交大开展“陇海—兰新地带城镇与铁路发展规划研究”，委托水利部水资源所开展“陇海—兰新地带城市水资源及解决措施研究”等。从1990年底到1993年9月，完成了《陇海—兰新地带城镇发展布局规划综合报告》及相关附件。规划在预测1995～2000年、2001～2020年、2021～2050年三个时段经济发展战略基础上，提出了地带城镇群和交通发展规划，突出了近中期重点发展的五大城镇群：徐州—陇海城镇群、郑洛—中原城镇群、西安—关中城镇群、兰州—河西走廊城镇群、乌鲁木齐—天山两侧城镇群以及位于地带两端的连云港、日照和阿拉山口、霍尔果斯等口岸城镇的发展目标。规划体现了以中心城市和城镇群促进陇海—兰新地带全面发展的意图。规划实施的政策措施中也注意到了“重视地带的环境和生态保护”“保持良好的城市生态空间”；提出“本地带为古代文明发源地和古代政治经济文化中心，又是少数民族聚集地，城市规划和建设，要将时代风貌、历史传统、民族特色融为一体”的目标要求。

规划获得以吴传钧院士为专家组的肯定与好评，并以国家计委和建设部联合名义报国务院，获得批复后，又联合发文将规划要点发至沿地带10省、区政府和经贸、铁道、交通、水利、民政、地矿、能源等部委。对有关省区的发展规划、有关行业的中长期计划和有关城市总体规划的修编等都起了积极引导作用。

随着城镇化和规划实践的发展，城市规划相关社会团体组织也迅速成长和蜕变。如城市规划原为中国建筑学会内的二级机构——城市规划专业委员会，城镇区域规划只是其中的一个学组。随着建筑学会城市规划专业委员会升级为一级学会——中国城市规划学会，城镇区域规划专业委员会的成立被提上日程。经胡序威主任委员和夏宗玕秘书长的提议，由建设部规划司推动成立，司责成区域处提出具体方案。考虑当时城市规划管理系统对城镇体系规划还比较生疏，我草拟了一个大体“三三制”的方案，即从 14 个省的建委规划处各推荐一名处长作为城镇区域规划专业委员会委员人选，意在加强行政部门推动城镇体系规划；大专院校和经济地理科学研究教学机构 13 ~ 15 人（胡序威先生负责）；部省直辖市的规划设计院所 11 人，另请湖北规划院郑志霄、北京规划院潘泰民为顾问，并建议秘书处设在中规院。方案经时任司长赵士修同意，他还建议给中规院增加一名委员人选任秘书长（刘仁根）。专业委员会成立后在推动各地方的城镇体系规划，开展省、市域城镇体系规划的编制内容和办法的研究等方面起到了积极的作用。如中规院经济所（赵宏才主持）开展了“市域城镇体系规划内容和编制办法的研究”，安徽院、浙江院和中科院地理所、同济大学城规所等联合（许保春牵头）开展了“省域城镇体系规划内容和编制办法的研究”，北京城市规划设计研究院（王东主持）承担了“县域规划内容和编制办法的研究”。研究成果不仅获得了建设部科技进步奖，更为形成有关指导文件、规范不同地域层次的城镇体系规划工作起了重要的基础作用。

城镇体系规划实际工作在各地陆续开展，提出了制定有关规范性文件的需求。1980 年代中期我任建设部城市规划司区域处处长，代表规划司以建设部的名义起草了《关于开展城镇体系规划的若干意见》（下称《意见》），就城镇体系规划的意义、原则、内容、深度和成果表达、成果的鉴定审批等做了行政性的规定。值得一提是当时对城镇体系规划的表述——“城镇体系规划或称城镇发展与布局规划，是以一定地域的不同层次、不同类型、不同规模的城镇群体的合理分布为核心，对域内城镇人口、经济、用地和各种区域性基础设施与服务设施的综合部署”。其作用“既可以作为相应地域的国土规划的组成部分，也是城市总体规划的发展和延伸”。这里将城镇体系规划与城镇发展与布局规划等同称谓，意在与“七五”计划以前有关文件正式的说法“城镇发展与布局规划”相衔接，又带有城镇体系规划与城市总体规划结合而成为独立的综合规划的意味。《意见》以行业文件发地方试行，经实践修改提炼，个别条款还报经国务院同意，几年后终以中华人民共和国建设部令的形式发布了《城镇体系规划编制审批办法》，其法律效力相当于条例。直到《城市规划法》和《城乡规划法》的颁布和实施，才开始将城镇体系规划作为独立的规划，并列于城市规划系列，赋予它指导城市总体规划的法定地位。

城镇体系及规划从改革开放之初的一个模糊概念，经过在全国、省区、地方不同地域范围内的大量实践，到正式纳入国家的法律体系，应该说这是我国城市化发展走改革开放之路的一项全新成果。期间我们也不断吸取借鉴国外经验，各种渠道搜寻相关资料，充实和完善我们的实践。我直接接触到的如日本的四全总综合规划，法国、德国的国土规划和区域规划资料，邀请中规院王进益等同志翻译并组织出版了《苏联区域规划设计手册》，还利用考察访问走出去请进来，取得第一手资料。我曾随中国城市发展和管理代表团考察过美国纽约等三个州的区域规划协会、旧金山湾区绿带联盟和以菲尼克斯为中心的亚利桑那州区域规划组织，还编写过中国台湾的区域规划和中国香港的中心城与 8 个卫星城的一体化发展规划等。这些都有效拓展了我们的视野，丰富了我们的实践经验，使我们的工作与国际经验接轨。

记得 1990 年代我随时任建设部副部长李振东同志参加亚太经合组织召开的亚太地区国家城市化工作交流会议，我国的城镇体系规划还被写进了大会文件。

城镇体系既是工业化和经济社会网络化发展的结果，又是经济社会网络进一步创新发展的载体和推动力。随着城市日益成为社会的主体空间形态，城镇体系规划作为一项独立的规划将日益得到社会各方面的认可，能够更好地与各方面的发展相衔接，其突出特点是能有效突破传统城市规划就城市论城市的局限性，更有效地指导人口、经济的合理布局、区域基础设施的合理发展以及区域生态环境的有效保护，并促进资源的合理利用。

城镇体系规划还能较准确地把握各城市的发展战略定位，乃至重大工程的选址。不仅城镇之间区域路网、水系、机场、枢纽的选址规模等级能获得合理安排，沿江城市布局规划对各城市防洪标准、城市岸线如何合理利用，陆桥城市布局规划对各主要城市的发展战略目标等都给出了指导意见，其成果被纳入各有关城市的发展总规。

城市群作为城镇体系内区域聚集程度和发展水平更高的城市集合体，是城镇体系中的核心与精华。如果说，城市是因诸多生产要素的聚集和协调运转而拥有更高的效率、效益和竞争力，那么城市群则是把这种更高的效率、效益和竞争力放大到一定区域范围内，使其产生更大的能量，达到单个中心城市无法企及的高度。如此，我们应更重视粤港澳大湾区城镇群、长江三角洲城镇群、京津冀城镇群和其他城镇群的发展和完善，这不仅关系到城镇群所在区域的整体发展，也关系到国家在国际社会化大生产中的站位和地位，影响国际竞争力。发展城市群还可缓解因中心城市过于集中而带来的环境压力。

无论城镇体系还是城市群可持续发展，一要依托中心大城市，要有核心；二要面向群体谋发展，形成体系；三要保持城镇群整体宜居环境。总之要坚持区域协调、系统开放、共赢共享、绿色生态的方向。

从地理学角度谈谈区域和区域规划

张文奇

作者简介

1944年出生，籍贯山西霍县。1968年北京大学地质地理系本科毕业，1983年北京大学地理系研究生毕业，获理学硕士。中国城市规划设计研究院教授级高级城市规划师，住房和城乡建设部专家委员会委员，国家级有突出贡献专家。曾任中国城市规划学会区域规划与城市经济学术委员会秘书长。

对区域和区域规划，不同的人有不同的认识和理解，不同学科也会有不同的内涵和外延。如从经济学角度看区域和区域规划，其基本理论是在市场经济条件下的区位论和经济学的原理，注重成本－效益分析，试图把经济要素和空间分布结合起来；如以行政因素为主导的区域规划，注重在行政辖区范围内统筹考虑经济社会的发展及城乡布局。最早的也是最传统的区域规划是从地理学角度进行的区域划分和规划。本文主要介绍从地理学角度进行的区域划分和规划，在此基础上对未来的区域规划提出一些建议。

一、从地理学角度对区域和区域规划的认识

（一）区域概念的形成

人们在认识自然、适应自然、改造自然的过程中，逐步积累了对环境的感受和认识。从认识论的规律看，总是先认识到简单的、个别的、初级的、没有人类主观色彩的客观个体和事物。这样的实践活动多了，积累了经验和素材，通过运用“相对一致性”和“明显差异性”

的方法进行对比、分析和总结，逐渐有了“类型”和“区划”的概念，最后形成了“区域”的概念。“区域”概念的形成及在人类实际活动中得到运用，说明人们对客观环境的认识更加广阔、更加深刻了，既体现了人与自然共融的客观性，也体现了人们利用自然、改造自然的主观能动性。

（二）区域划分的雏形——《禹贡》

有了区域的概念，人们就要对其活动所涉及的范围进行划分，我国有文字记载的最早的区域划分出现在《禹贡》里。该书是战国时期魏国的人士，以大禹的名义写的。当时中国版图上有 7 个诸侯国，但作者并没有按 7 个诸侯国的国界进行区域划分，而是把 7 个国作为一个整体进行统一考虑，根据地形地势、山川河流、气温干湿、农牧业物产特点等，将全国划分为 9 个州。作者实际上是为诸侯称雄出现统一局面之后提出的治理国家的方案，这是一个宏伟周密的方案，借助古代名人大禹的声望，希望能够得到帝王的采纳和实施。

《禹贡》把当时的天下分为九州，即冀、兖、青、徐、扬、荆、豫、梁、雍。分别叙述了各州的山脉、河流、土壤、田地、物产、道路、部落组成等。从纬度看，北部 4 个州为雍、冀、兖、青，中部 3 个州为豫、梁、徐，南部 2 个州为荆、扬。从经度看，西部为雍、梁 2 个州，中部为冀、兖、豫、荆 4 个州，东部为青、徐、扬 3 个州。按现代地理学的观点，九州划分基本符合纬度地带性和经度地带性。

由于《禹贡》基本是按自然条件（地形、地貌、气候等）来划分九州的，比较符合实际情况，故而对历朝历代影响很大，以至今日，我们仍然沿用“九州”作为中国的代名词。

（三）若干区域规划简述

在漫长的封建社会，自《禹贡》后就再没有全面正规的区域划分。直到 20 世纪 20 年代，由于西方科学知识和科学技术的引入，有些学者对我国做了区域划分，例如张其昀（1926、1935），竺可桢（1930），李长傅(1930)，洪思齐与王益崖(1934)，王成组(1936)，李四光(1939)，冯绳武（1945～1946），罗士培（P. M. Roxby，1922），葛德石（G. B. Cressey，1934、1944），斯坦普（L. D. Stamp，1936）等。

中华人民共和国成立以后，随着国民经济的迅速发展，要求对全国自然条件和自然资源有全面的了解。自然区划工作列为国家科学技术发展规划中的主要项目。数十年来，先后发表了多种全国性的自然区划方案。

1. 林超等人的方案

1954 年，林超等人所做中国自然区划方案首先根据地形构造将全国划分为 4 个部分，即北方、南方、西北、西南。其次根据气候状况，结合地形、水系与植物，分为 10 个“大地区”，即北方为东北与华北；南方为华中、华南与云贵高原；西北为内蒙草原、内陆沙漠与西北山地；西南为青藏高原与西南纵谷。然后根据地形再分为 31 个“地区”和 105 个“亚地区”。该区划基本上反映了全国的自然地理面貌，而且划分出相对独立的地貌单元，便于分析和组合。

方案对各类地貌类型确定了划分标准，如平地类：低平原（平原），海拔 200 米内，相对高程 20 米内；高平原，海拔 500 米内，相对高程 200 米内；高原，海拔 500 米以上，相对高程 200 米内。如山地类：丘陵，海拔 1000 米内，相对高程 200 米内；低山，海拔 1000 米内，相对高程 200 米以上；中山，海拔 1000 ～ 2000 米，相对高程 200 米以上；高山，海拔 2000 米以上，相对高程 200 米以上。确定了标准，便于操作，在具体划分时有所遵循。

2. 罗开富方案

1954 年，《中华地理志》编辑部的“中国自然区划草案”（罗开富主编），首先将全国分为东半壁和西半壁。前者为季风影响显著的区域，后者为季风影响微弱或完全无季风影响的区域。然后提出最冷、最热、最干和空气稀薄 4 个相对极端的区域，在其间再划出几个过渡区，将全国划分为东北、华北、华中、华南、蒙新、青藏、康滇7个“基本区”，然后再以地形为主要依据，划分为23个副区。

方案注意到自然地域分异的状况，并对各类自然地理现象之间的相互关系、相互影响所表现的特点作了一定的探讨，强调基本区是按自然特征而划分的，其含义与范围与行政上或经济上习惯所用的不同。例如，将辽河下游平原与辽东半岛划入华北区，而不属于东北区。

3. 侯学煜方案

1963年，侯学煜等在《对于中国各自然区的农、林、牧、副、渔业发展方向的意见》一文中，提出了另一自然区划方案：首先按照热量指标，将全国划分为6个带和1个区域（温带、暖温带、半亚热带、亚热带、半热带、热带、青藏高原区），各气候带具有一定的耕作制和一定种类、品种的农作物、木本油粮植物、果树、用材林木等。然后根据大气水热条件结合状况的不同，分为29个自然区。每个自然区的划分一般是与距离海洋远近和一定的地形地貌有关。水热状况、地貌和成土母质、土壤等都是决定发展农林牧副渔业的必要条件。这个区划方案对各个自然区的农业生产配置、安排次序、利用改造等提出了轮廓性意见。

4. 全国农业区划委员会方案

1984年，全国农业区划委员会编制了中国自然区划方案。首先把全国划分三大区域（东部季风区域、西北干旱区域和青藏高寒区域），再按温度状况把东部季风区域划分为9个带（寒温带、中温带、暖温带、北亚热带、中亚热带、南亚热带、边缘热带、中热带和赤道热带），把西北干旱区域分为2个带（干旱中温带、干旱暖温带），青藏高寒区域也分为2个带（高原寒带、高原温带），然后根据地貌条件将全国划分为44个区（东部季风区25个区、西北干旱区11个区、青藏高原8个区）。

5. 黄秉维方案

1958 年黄秉维先生主持中国自然区划研究，1959 年《中国综合自然区划初稿》由中国科学出版社出版。该方案运用地带性规律，首次在全国划分出 6 个热量带、1 个大区、18 个地区和亚地区、28 个地带、88 个（一度为 90 个）自然省，并拟进一步划分自然州和自然县，堪称我国自然区划史上规模空前宏大、等级单位完备和内容量丰富的方案。这个方案为农业服务的目的非常明确，其区划原则、等级单位系统的设置以及省以上单位的分区标志、划界指标等都充分表达了为农业服务的宗旨。

6. 赵济方案

赵济根据自然区划的原则、中国自然地理的特点和地域分异规律，参考前人所做的工作，同时考虑到教学的需要，采用三级区划。

首先，根据我国自然情况的最主要的差异，将全国划分为东部季风区、西北干旱区和青藏高原区三个大自然区。三大自然区划分的主要根据是：（1）现代地形轮廓以及对它有决定作用的不同的新构造运动；（2）气候特征及其所导致的土壤、植被、地貌外营力和水文的最主要特征的差异；（3）不同自然界（土壤、生物、地质地貌）的主要发展过程；（4）人类活动对自然界的影响以及利用、改造自然方向的差异；（5）自然界地域分异所服从的主导因素的差异。

二级区即自然地区：在上述三大自然区的基础上，将全国进一步划分为 7 个自然地区。自然地区是根据温度条件和水分条件组合大致相同，区域气候的成因基本相似，土壤、植被、土地利用等方面有一定共同性而划分的。同一自然地区对自然环境的开发利用的方向基本一致。7 个自然地区分别是：东北、华北、华中、华南、内蒙古、西北和青藏。

三级区即自然副区：自然地理副区主要是依据地形的差异，并参照土壤、植被的差异划分的。将全国划分为 35 个自然地理副区。所划分的单位，照顾了地貌单元的完整性，例如台湾、黄土高原、鄂尔多斯高原等分别划为一个自然地理副区。

该方案把青藏高原单独划分为一个区是有一定道理的，青藏高原垂直带性突出，与全国其他地区有明显差异。但在二级区即自然地区又出现青藏高原，逻辑上讲不通，因为青藏高原是属于第一级区，只有在青藏高原区的基础上再进行细分，才出现自然地区。

上述区划方案是地理学专家通过多年辛勤的工作对我国国土进行区域划分的成果，其区域划分理论和方法基本一致，内容也大同小异，比较全面准确地反映了我国国土的基本自然状况。同时，在1950年代以后，我国出现了全国性的专项区域规划，如农业区划、工业布局规划、交通规划、林业规划等。

全国自然区域规划为我国编制国土规划以及其他各类专项区域规划提供了指导原则、方法和基本框架。自然条件是构成区域的基本要素，我们不能违背自然规律，可惜，自然区域规划工作仅在一些高校和科研部门进行研究，并没有引起广泛的了解和重视，更没有得到推广和应用。

二、对我国区域规划的几点看法

关于我国区域规划的情况，有很多专家和前辈作了详细的总结和介绍。我仅就我所接触和了解的情况说说自己粗浅的看法，肯定会有不全面不恰当的地方。

（一）全国层面的国土规划偏弱

自1950年代以来，随着经济建设的发展，总会有意识或无意识地涉及区域规划问题。比如七大行政区的划分，当然这还算不上是区域规划，只是从全国范围对生产力布局有个极粗略的想法，从全国范围看没有一个真正的覆盖全国的区域规划（或叫国土规划，1978年编制了《全国国土规划纲要》，但未批准，更没有付诸实施）。国土部门编制了全国土地利用规划，主要是对各类土地进行分配，还不是真正意义上的综合性的国土规划。城市规划部门编制了全国城镇体系规划，虽然有一定的综合性，但也主要是以城乡的布局及发展为主。

从2000年开始酝酿，到2011年6月8日正式发布的《全国主体功能区规划》可以说是第一个真正意义上的综合性的国土规划。该规划根据不同区域的资源环境承载能力、现有开发密度和发展潜力，统筹谋划未来人口分布、经济布局、国土利用和城镇化格局，将国土空间划分为优化开发、重点开发、限制开发和禁止开发四类，这对明确开发方向，控制开发强度，规范开发秩序，完善开发政策，逐步形成人口、经济、资源环境相协调的空间开发格局有重要意义。该规划的另一个重要特点是政绩考核模式出现颠覆性的变化。实现主体功能区定位后，包括财政政策、投资政策、产业政策、人口政策、土地政策、环境政策和绩效考核政策等都将有所调整。

该规划虽然是覆盖全国（台湾暂缺）的综合性发展建设规划，也注意到了环境保护问题和可持续发展问题，但有些问题仍然没有引起重视。一是没有充分利用已有的全国自然区划成果，过分看重行政区划的界限，而对自然区划界限考虑不够；二是没有搞清楚“类型”与“区划”之间的区别和关系，在进行4个类型（优化开发、重点开发、限制开发和禁止开发）划分时，最小单元是县，这样就会出现将某县全部划为“禁止开发区”的现象，在实施中会遇到障碍和问题。如我在内蒙古呼伦贝尔市所属的旗和湖南炎陵、茶陵等地进行规划调研时，就发现整个县（旗）都定为禁止开发区，这些地方都是经济欠发达地区，当地领导表示很难办，不搞开发，经济上不去，连基本的财政开支都难以为继，国家的财政转移支付一时也到不了位；要搞开发又违背了主体功能区规划的要求，处于两难的境地。

（二）综合性区域规划较少，城镇体系规划部分地起到区域规划的作用

1950 年代结合苏联援助的建设项目，在项目所在地开展了城市规划和区域规划。区域规划的作用主要是分析项目所在地（包括所在城市）周围地区的自然环境条件、经济社会基础设施的支撑条件，使建设项目得以顺利落地，投入生产，这种小型的区域规划目标明确、内容充实、针对性强，对经济发展和城市发展起到了促进作用。

1970 年代末以后，随着我国经济体制由计划经济逐步向市场经济转变，城市规划部门在编制城市规划时，逐渐认识到不能就城市论城市，需要从区域的角度来认识城市、研究城市、规划城市，于是就出现了城镇体系规划。开始时，吸收借鉴了国外城市地理学的原理和方法（于洪俊、宁越敏编著的《城市地理概论》影响颇大）；随后南京大学提出了城镇体系规划的“三大结构”（规模结构、职能结构和布局结构。有人说还有等级结构，其实等级是不能单独形成结构的，只能在规模、职能中体现出等级的划分来）的规划模式。随着地方政府对经济发展、经济布局、环境保护、基础设施建设的关注，城市规划和城镇体系规划又增加了经济、社会、交通、环保、景观等方面的内容，甚至要涉及宏观战略规划的内容，使得城镇体系规划涵盖面越来越广，内容不断扩充，出现了“名不正，言不顺”的局面，即由建设部门（后来的住建部门）来编制综合性的类似于区域规划的城镇体系规划。可以想见，其编制难度大，权威性差，还容易引起其他部门的非议和诟病。当然作为规划工作者，目的是要做好自己的规划工作，为祖国的经济发展和建设作出贡献，对一些不公正的说法并不在意。

1982 ~ 1984 年，由中国科学院地理所胡序威研究员主持的《京津唐国土规划》是我国具有真正意义上的综合性的区域规划。有十余家科研单位和大专院校参与了该项规划的编制工作。该规划成果资料翔实、内容丰富、层次清楚、逻辑严密，可以说是区域规划的典范

之作。该规划成果内容非常丰富，简而言之，由以下几项内容构成：一是了解了京津唐地区的基本情况和存在的主要问题；二是论证了京津唐地区在全国的重要作用和地位；三是分析了该地区资源开发和利用中存在的主要问题；最后，提出了对策和措施。中国城市规划设计研究院经济所的一些同志参加了该项规划工作，主要是负责编制京津唐地区城镇群规划（当时对“城镇体系”一词持慎重态度，认为城镇发展的初级阶段应称为“城镇群”，发展到较高水平，各城市和城镇之间形成了联系密切的关系网才能构成体系。不像现在一般人认识的那样——有几个城市和镇凑在一起就称之为“城镇体系”）。

国家计委（后改为发改委）也组织力量编制了一些重点工矿地区和流域的区域规划。

（三）编制区域规划有“嫌贫爱富”之嫌

经济发展不平衡是永恒的、绝对的，只不过不同时期表现不同而已。计划经济时代，沿海有备战的任务，不安排建设项目，经济很不发达，发展重点放在内地，这样的布局代价大、效率低、成效差，也许这是当时无奈的选择。改革开放后，经济重点向沿海地区转移，取得了显著的效果，这是遵循自然规律、经济规律的结果。当然也不可避免地产生了经济发展更不平衡的问题，从区域规划的编制情况看也体现了这个特点。

沿海地区的区域规划（或类似于区域规划的城镇体系规划、发展战略规划等）数量多、频度高，而且是多部门进行编制，由于缺乏统一部署和协调，屡屡出现内容重复或龃龉不合现象。

中央也注意到地区发展不平衡问题，适时提出中部崛起战略、西部大开发战略、东北振兴战略等。也编制了这些地区的类区域规划，但数量和密度都小于沿海地区。我国经济发展的不平衡除了表现在大家都很清楚的东、中、西 3 个地带上，还有不太被人注意的贫困地区，那就是省域交界地带。

我国大陆 30 个省级行政区，陆路边界线总长 52000 公里，沿边界线分布着 849 个县（市），占全国县市总数的 39%。全国有 11 个贫困地区，其中有 10 个贫困地区是省际接壤区。这主要是因为自然条件差和行政管理弱造成的。一方面，省级接壤区多是山区绵延地带、地形和地势过渡地带、气候转换地带，属于自然条件较差的地区，如湘鄂赣接壤的罗霄山区、川黔滇接壤的乌蒙山区、川陕渝接壤的秦巴山区，都是我国贫困县集中分布的地区。另一方面，相对于比较发达的省域中心区域而言，多数省际接壤区域受重视不够，省内重大建设项目和基础设施投资也较少，成了省域发达中心的边缘地带，即经济低谷区。比如经济较发达的东部沿海省份的省域边缘地区仍是一个省发展较为落后的地区。最典型的如河北省环京津地区出现的“贫困带”，这种现象正是“核心－边缘”理论所描述的那样。

就省域边缘地区而言，其规划要注意做好以下几个方面的工作。一是创新和完善合作机制是跨区域合作的关键。合作机制体制的创新和完善在跨区域经济合作和发展中起着至关重要的作用。例如，“关中—天水经济区”建立市长联席会议制度；泛珠三角地区广泛建立的跨地区性行业协会和专业中介机构的区域合作；定期召开的京津冀协同发展领导小组会议也成为科学、务实、有序推动京津冀协同发展的重要交流平台等。二是交通基础设施建设是跨区域合作的前提。各类跨区域合作均将综合交通体系建设作为跨区域合作开展的首要任务及合作内容。如皖江经济带的规划关注加强皖江沿岸水运通道和物流基础设施的建设；关中—天水经济合作区十分重视发挥西安国际航空枢纽的作用，大力加强支线机场建设；连云港东中西部合作实验区和长吉图开发开放先导区，则更加重视以港口为核心的对外交通体系建设。三是产业转型升级和集聚发展是跨区域合作的主题。各类跨区域合作均将产业合作作为最为重要的内容。各类跨区域合作运用多种产业园区建设模式，不断推进产业集聚和产业集群打造，实现区域资源、能源及产业各类要素的充分整合和高效利用。四是区域联动多方共赢是跨区域合作的动力。各跨区域合作规划在重视规划区内各合作主体的交流、沟通外，也十分重视与规划区范围外其他区域的沟通及联动发展，形成区域间联动、互惠发展的良好格局。其中，皖江经济带规划注重加强与沿海其他地区互动，并密切与中西部地区开展合作；长吉图开发开放先导区也同时注重与东北其他地区以及其他省区的协调互动和深度合作。五是政策扶持和支撑是跨区域合作的保障。各跨区域合作区在建设发展过程中积极争取国家、区域及省级层面的政策支持，特别是在行政区划调整、资源能源利用、产业发展、财税金融及土地开发等方面都希望得到更多的政策倾斜和扶持。

三、对我国区域规划的一点建议

要建立起完整的区域规划体系、制定科学合理的区域规划并能得到有效的贯彻执行，当然有很多事要做。我只简单谈谈区域规划的立法问题和规划人员的培养问题。

（一）应该制定《区域规划法》

对规划是否重视，规划是否有立法、是否有标准和规范的约束、是否有广泛的人民参与，规划是否会因个别领导人的意见而朝令夕改，规划是否能得到有效的执行，是一个国家或地区文明程度的标尺。规划不立法即意味着一些人可以不被约束地“胡乱作为”，这显然是最不文明的行为，因为这样的行为会违背自然运行规律和社会发展规律，给人类和地球造成危害。

在规划方面，我国只有《城乡规划法》，只有编制城乡规划是有法可依的。土地部门编制土地利用规划和环境部门编制环境规划，均无法可依，因为只有《土地管理法》和《环境保护法》（有人说在土地管理法和环境保护法里都谈到了土地规划和环境规划问题，但很简略，没有单独立法）而无《土地规划法》和《环境规划法》。

发改委编制的经济社会发展规划，更属于无法可依编规划，主要是靠政府的行政力量向下推行，相当于在球场上既当运动员又做裁判员。由此也可以看出，我国要建成法治国家还有很长很长的路要走。

纵观世界，发达国家均有规划立法。如德国的区域规划是写进了宪法的，明确指出“要在全国各地实现均等化的生活水平”，其构成有三大要素，一是横向财政平衡，其税收分配详细具体，且可计量可操作。财政转移支付分两种：无条件的财政性转移支付制度，即区域财政平衡制度；有条件的收入性转移支付，即财政补贴。二是区域规划，解决空间问题和用地协调问题，规划分五级（联邦、州、管理区、县、镇）来制定，实行均衡发展策略，充分考虑条件较差地区的特殊要求，区域规划的制定由专门的管理机构负责。三是区域政策，区域规划是区域政策管理的基本工具，重点是解决基础设施建设和生态环境保护问题。

再如瑞士，联邦宪法第 75 条是“联邦制订空间规划的基本原则”。各州必须遵守这些原则。这些原则的目标是合理和节约地使用土地并有序地开发建设居民点。联邦和各州政府在工作中要遵守空间规划的要求。同时，瑞士以联邦宪法为依据，制定了联邦空间规划法。空间规划法明确了三级政府（联邦、州、市镇）在空间规划方面的责任和义务；规定了公众参与制度。各级政府有分工：联邦政府制定有关空间事务的法律和基本原则；制定必要的规划方案和专题规划并对它们进行协调。州政府制定指导性规划，落实联邦有关空间事务的法律和原则。其中最核心的要求就是划定土地利用的分区——规定哪些区可以用于建设、哪些区必须保护、哪些是预留的建设用地等。市镇：制定土地使用规划——功能区规划（zoning plan）。

可以看出，瑞士的空间规划是分层次的，上一层次的规划指导和约束下一层次的规划，规划所涉及内容既相互衔接，又不可越俎代庖。

美、英、法、日等国家也均有区域规划法（有的名称可能不尽相同），以指导和保证本国规划，包括区域规划的编制和实施。

（二）对规划人员的培训

对规划人员的培训主要侧重在两个方面，一是品德的培养，二是知识和能力的培养。

1. 品德的培养

规划事业是为大多数人谋利益的事业，规划师最关注公共利益，需要有高远的志向、宽阔的胸怀、炙热的爱心、独立的人格。弗里德曼说："如果没有内心深处升起的正义冲动和追求真理的欲望，规划工作就会沦落为一门谋生的手艺，而规划师也将和芸芸众生一致无二。"

其中，独立的人格对规划师来说更为重要。因为规划师如果和墙头草一样随风倒，那不仅个人被人家看不起，还损害了整个规划行业的名声，在社会上造成很坏的影响。其实说到底，缺乏独立的人格是出于谋私利的考虑，或为名或为利，看强者的眼色行事，"朝令夕改，左右逢源"，既可怜又可鄙。

2. 知识的积累

规划师需要有广博的知识。"规划"是指人们为达到某一确定的目标，制定出一系列实施步骤和措施的自觉行动，是人类改造自然、改造社会的集体活动。规划所涵盖的内容非常广泛，如自然、政治、社会、经济、文化、历史、民族、宗教等等。从学科的分类框图（图 1）就可以看出，规划（城市规划、区域规划）所涉及的学科是方方面面的。

根据我的体会，作为一个规划师对所要学习掌握的各类学科做了如下的划分：基础学科：数、理、化、天、地、生、文、史、哲。核心学科：城市规划原理、城市发展史、城市规划实务、区域规划学等。相关学科：建筑学、市政工程、道路交通、城市地理、城市经济、城市社会、遥感及计算机技术、环境与生态等。外围学科：经济学（宏观经济学、微观经济学、制度经济学）、人口学、社会学、管理学等。

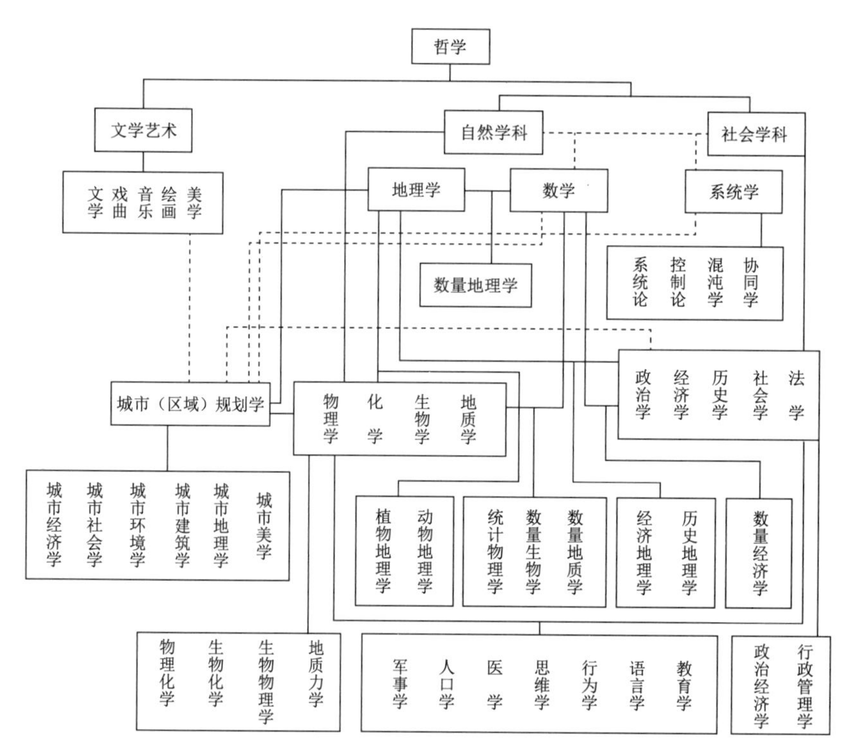

图 1　学科的分类框图

需了解的杂项内容：社会常识、时事政治、风俗习惯、法律知识、流行时尚、美学知识等。

3. 方法的运用

规划师既要有分析能力，更要有综合能力。只有分析会囿于片面；只有综合会空洞无物。要树立正确的认识论，即世界是可知的，万物是有规律的。要有方法论的准备，根据我的体会，大致有以下几种：

因果法——严密的逻辑推理（如数学、物理中的证明、推理等。找出一一对应的关系，规划学科中也有，但不明显，或不易找到）。

实证法——通过实验，对事实进行分析，总结寻找出规律。又可分为归纳推理（从个别到一般）和演绎推理（从一般到个别）及枚举法（有局限性）。

溯因法——对不同发展阶段的客观对象按前后顺序进行排列，以此了解其起因和发展过程。

数理统计法——有多元回归、概率统计、数学模型、博弈论等。

4. 能力的提升

孔子说："学而不思则罔，思而不学则殆"。就是说要正确处理学习与思考的关系。

学习一定要思考，思考才能更好鉴别。不思考会很盲目，造成知识污染。如对国外的知识和经验，要分析鉴别，要结合中国国情。

学习一定要思考，思考才能更好地实践。规划学科是实践的学科，学以致用非常重要。而把所学的东西用到实际工作中去，要进行分析、比较、选择，这些都是必须要经过思考的。

学习一定要思考，思考才能提高。有意识地掌握所学的东西，就需要思考，把自己所学的东西进行归纳整理，从不自觉到自觉，从感性到理性。这个过程非常重要。自古以来，我国不乏伟大的实践者，也不乏伟大的思想家，但两者结合好的不多，因而在世界上很少能达到学科的前沿。究其原因，当然可能有很多，但缺乏科学的抽象和理论的概括，可能是一个非常重要的原因。

学习一定要思考，思考才能创新。"学＋思"是创新的基础和条件，"学"是继承，"思"是发展、是创新。要有观念上的突破。要有怀疑一切的精神：不怀疑就没有了思维的能动性，就成了思想的懒汉。要有突破传统的精神：规划学是实践性很强的学科，经验是很宝贵的，但学科要发展，必须要有突破传统的勇气和胆量，这与重视和尊重富有规划经验的老规划工作者是不矛盾的。要有标新立异的精神：有想法一定要吼出来，不要怕人家说出风头、哗众取宠、争名争利，只要能引起人们的争论、思考就行，对规划的发展有利就行。不问动机、只求新意。一潭死水、一片沉寂，何来创新。没有思想上、认识上、理论上、方法上的争论和交锋，学科的发展是根本谈不上的。

参考文献

[1] 罗忠桓. 中国共产党早期对省际接边区域治理的实践与启示 [J]. 中国井冈山干部学院学报，2013，6（5）.

[2] 熊兴，刘传岩，张文奇. 创新跨区域合作体制机制促进区域开放共赢发展——关于粤桂合作特别试验区建设和发展的思考 // 中咨公司海外公司. 粤桂合作特别试验区总体发展规划（2012 ~ 2030 年），2012.

对区域规划与城市经济学术委员会工作的回忆[①]

刘仁根

作者简介

刘仁根，1948年8月生于四川内江。1975年毕业于清华大学建筑学专业。1983年后，历任中规院副所长、所长、院党委副书记、副院长、深圳分院院长（兼）、院顾问总规划师。教授级高级城市规划师，享受国务院政府特殊津贴。1993～2003年，兼任区域规划与城市经济学委会秘书长与常务副主任。曾两次参加唐山市震后重建规划编制。参与全国城市规划工作会议、全国小城镇规划建设等调研工作。主持编制了贵州省兴义市中心区城市总体规划。是《当代中国的城市建设》一书的主要撰稿人和主要编辑之一。组织、主持完成了部、委“2000年全国村镇用地预测”“市政公用事业‘八五’及十年规划预测”“陇海兰新地带发展与布局规划”“小城镇规划标准研究”等重大课题研究。参与了贵州省天柱县和武威市“‘十三五’国民经济与社会发展规划”研究。在国内外学术刊物和交流研讨会发表和交流过多篇论文。

自1982年下半年起，城市规划学术委员会挂靠单位由原建设部城市规划局改为中国城市规划设计研究院。区域规划与城市经济学组的日常工作由中规院城市经济研究所承担。我在1988年底至1992年担任该所所长，1992年至2003年初到中规院深圳分院兼职，在这14年的时间中，我参与了学组和学委会的工作。

① 此回忆文章，由中国城市规划设计研究院硕士生周凌峰根据刘仁根先生访谈录整理，经刘仁根本人同意。

一、区域规划与城市经济学组时期的主要工作

区域规划与城市经济学组是区域学委会的前身，在学组时期，组织健全，工作比较有章法。围绕区域规划与城市经济方面的热点问题，如中国城市化道路问题、工业布局集中和分散的问题、地区（区域）专业化生产与分工协作、城市工业布局、区域规划与环境保护、区域与城市规划中某些经济问题等，开展了不少活动。1982年，在南京召开了中国城镇化道路问题学术讨论会；1986年在石家庄市召开了第四次全国城镇化学术讨论会；1988年在蚌埠市召开第五次年会，围绕我国区域城镇体系规划开展了学术讨论。另外还对“京津唐地区国土规划纲要城市课题研究”科研成果、昆明市域规划等进行了评议。这些都为后来学委会的成立与发展奠定了良好的基础，也提供了宝贵的借鉴。

二、区域规划学委会筹备和成立的过程

改革开放以来，全国的经济发展形势一片大好。特别是区域与城市发展迎来了新的春天，但面临的新的发展机遇、新的形势和新的问题，迫切需要我们从学术上、理论上加以回答。两方面形势促使我们开始考虑筹备成立区域学委会。一方面是上级学会由学委会调整为二级、一级学会，相应地对学组的升级提出了新的要求；另一方面，许多学委会都相继成立，我们的学委会成立已经落后了。要知道，当初成立学组时，我们的学组成立的时间比较靠前，城市规划学术委员会大城市交通学组（1979年3月）、区域规划与城市经济学组（1980年6月）、居住区规划学组（1982年4月）、风景环境规划设计学组（1982年5月）、历史文化名城规划设计学组（1984年10月）相继成立。但到学委会成立，我们就落后了。1985年成立了城市交通规划学术委员会，1991年一年内就相继成立了居住区规划学术委员会、小城

镇规划学术委员会、风景环境规划设计学术委员会、遥感与计算机应用学术委员会、历史文化名城规划学术委员会和国外城市规划学术委员会。从国家宏观发展背景和规划学会的组织机构设置角度来说，区域规划与城市经济学术委员会已到了非成立不可的时候了。

1989 年 1 月 18 日，中国建筑学会七届三次常委会研究决定：将中国建筑学会城市规划学术委员会“逐步调整为二级学会”。1990 年 2 月 17 日，城市规划学术委员会秘书长夏宗玗主持召开了在北京的专题学组组长会议。我代表胡序威先生参加了会议。会议确定：中国城市规划学会（二级学会）成立后，专题学组将相应地逐步改组为学术委员会，有条件的学组可结合学组调整做一些组织上的准备。1991 年 10 月 10 日，城市规划学会第二次理事长扩大会议在北京召开。会议同意成立区域规划与城市经济学术委员会。1991 年底，学会夏宗玗秘书长正式委托中科院地理所胡序威先生、建设部规划司顾文选副司长和我负责筹备学委会的成立工作。我们经过多次协商，1992 年 3 月 28 日，以我个人的名义将学委会的候选人员名单报学会办公室。后来又经过协商，1992 年 9 月 18 日，我们 3 人联名正式向学会写了《关于成立区域规划与城市经济学术委员会的报告》，提出了由胡序威等 40 人组成的学委会组成人员名单。在这期间，我还负责起草了提交大会讨论的学委会《工作规则》草案。1992 年 11 月 9 日，建设部批复同意将中国建筑学会城市规划学会更名为中国城市规划学会（一级学会）；中国城市规划学会下设区域规划与城市经济学术委员会（以下简称“区域规划学委会”）等 8 个专业学术委员会。自此，区域规划学委会正式成立。

三、区域规划学委会成立大会的筹办历程

区域规划学委会的筹备方案得到学会的批准后，就要筹办成立大会。正好年内胡序威先生曾去过广东省新会县（1992 年 10 月撤县设

市），当地领导曾向胡先生表示过，欢迎来新会开展学术活动。于是1992年11月11日我受胡先生委托，给新会的宋美莲副市长写了信，将学委会的筹备情况和成立大会的安排向她作了介绍，表达了拟去新会召开成立大会的意愿，并希望在经费、交通等方面得到她的支持。宋副市长收到我的信后很高兴，及时回复表示欢迎。

1993年3月12日，以中国城市规划学会的名义，正式印发了《关于召开中国城市规划学会区域规划与城市经济学术委员会成立会的通知》。并于1993年5月20～22日，在新会召开了学委会成立大会。

出席会议的有来自全国有关部门、城市规划设计研究院、国土与地理研究所和高等院校的领导、专家、教授，共47人。新成立的学委会由41名委员组成，实际到会委员为28名。会议充分肯定了学组自1980年成立以来开展的学术工作。通过了给宋家泰先生和郑志霄先生的致敬信。

会上，委员们讨论并原则通过了学委会的《工作规则》；选举胡序威为主任委员，赵瑾、顾文选、吴万齐、崔功豪为副主任委员，刘仁根为秘书长；研究确定了明年的活动内容和今后一个时期的工作计划。同时，根据新会市政府的安排，结合新会市未来的城市发展，对新会市银洲湖综合产业区发展规划（纲要）进行了咨询。

会议期间，还召开了第一届学委会第一次主任工作会议，确定赵瑾为常务副主任委员；聘请中规院经济所赵洪才所长为副秘书长；对《工作规则》作了必要的文字修改；拟定了主任工作会议制度；决定尽快筹备成立区域规划和城市经济两个学组，前者由周一星、侯三民、蔡人群牵头；后者由宋启林、董黎明、钱铭牵头。成立大会的圆满举办，对未来区域学委会工作的开展起到了积极的作用。

四、区域规划学委会成立后的主要工作

学委会成立后，主要工作体现在这样几个方面：

一是根据需要，秘书长、副秘书长以及相关人员不定期地召开碰头会，在此基础上再召开主任工作会议（或扩大会议），决定年会和其他重要事项。

二是成立了两个学组，进一步完善了组织建设。1994年10月6～8日，学委会城镇体系规划学组成立会在浙江省绍兴县举行，由20名委员组成，周一星先生当选为组长，崔功豪、蔡人群、侯三民3位先生为副组长。1995年6月27～28日，学委会城市经济学组成立大会在广西北海市召开，首批学组成员由18人组成。组长为宋启林先生，副组长为董黎明先生和雷翔先生。学组讨论和研究了今后的研究方向与工作内容：城市发展战略研究、城市土地利用问题研究、城市房地产开发研究及市场经济条件下有关的城市经济问题研究。今明两年的研究重点将放在城市地价与城市土地的合理利用方面。此外，还调整和发展了诸多会员。

三是结合会议开展学术交流和咨询活动。比如城镇体系规划学组在浙江省绍兴召开成立会期间，围绕在市场经济体制下区域规划和城镇体系规划的新任务、新理论和新方法，以及如何规范区域规划术语等问题进行了学术讨论，还对绍兴县的县域规划开展了咨询活动。城市经济学组在会议期间，还就目前北海市城市建议发展所面临的有关问题进行了热烈的讨论，并提出了许多诚恳的建议。

四是学委会委员以不同名义和方式参与了区域和城市的研究、规划咨询活动。例如，1995年9月，主任委员胡序威先生应湖北省黄石市人民政府的邀请，参加了黄石市城镇体系规划评审会，会议期间，还讨论交流了对“珠江三角洲经济区域城市群规划”的意见。

五是按照工作规则，及时对学委会进行了换届。1997年12月1～4日，学委会在河南省许昌市召开换届会议。会议报告了第一届学委会工作；对《工作规则》进行了讨论修改。本届委员会由48人组成，通过无记名投票，选举产生了第二届学委会领导成员，胡序威先生为第二届学委会主任委员，刘仁根（常务）、周一星、崔功豪、顾文选、吴万齐、张勤为副主任委员，会议聘请赵瑾为学委会顾问，张文奇为秘书长，晏群、王丽萍为副秘书长。

会议决定将原“城镇体系学组”更名为“区域规划”学组，城市经济学组名称不变，并对两个学组的组长、副组长进行了调整。区域规划学组组长为顾朝林，副组长为魏清泉、俞滨洋，由周一星副主任委员负责联系；城市经济学组组长为董黎明，副组长为宁越敏，由顾文选副主任委员负责联系。会议决定学委会每两年召开一次全体委员会议，学组每年开展一次活动。

2001 年 11 月 10 ~ 12 日，学委会在北京召开年会，并进行了换届选举，通过了上届学委会的工作报告并修改了学委会工作章程。新一届学委会由来自 20 个省市的城市规划行政主管部门、规划设计研究部门和高等院校、科研单位共计 56 位委员组成。选举周一星为主任委员，刘仁根、张勤、顾文选、王东、顾朝林、俞滨洋、昝龙亮、房庆方、徐国弟任副主任委员，王凯任秘书长。

在学委会的逐项工作和研究中，有两个课题令我印象深刻，也对区域规划发展起到了重要影响。一是西部大开发问题。2000 年 3 月 28 日，中国城市规划学会副理事长兼秘书长夏宗玕、副秘书长石楠等学会领导，组织召开座谈会，专门研究西部大开发问题。区域规划与城市经济学术委员会胡序威、周一星、吴万齐、顾文选、刘仁根、张文奇等同志应邀参加。大家围绕西部大开发问题进行了认真的研讨，并形成会议纪要报送建设部有关领导，建设部科技委同意立软科学研究的课题。学会拟以区域规划与经济学术委员会为主进行立项。会议针对有关立项问题进行了认真研究与探讨。并拟定以“西部核心地区城市化与综合开发对策研究——以关中地区为例”为题立项，申请建设部科研课题。

二是全国城镇体系规划编制。1999 年开始，建设部城乡规划司组织力量编制全国城镇体系规划。不少地方也相继开展了省域、县域城镇体系规划。2001 年 11 月 10 ～ 12 日，学委会在北京召开年会，就“全国城镇体系规划纲要”进行了热烈的讨论，提出了许多宝贵的意见。会上，黑龙江、河南、新疆、河北的代表介绍了本省编制“省域城镇体系规划”的体会与实施城镇体系规划的一些作法。

在各类城镇体系规划工作中，学委会的许多委员都参与其中的编制、评审和顾问工作，为城镇体系规划作出了应有的贡献。

五、对区域规划学委会工作的感想和期待

胡序威先生、周一星先生以及赵瑾、顾文选、张勤、吴万齐、崔功豪、王凯等几位领导对学委会的工作应该有着更深的体会，我仅谈几点自己的感受。在我参与和经历的 14 年间，学委会做了许多工作，收到很好的成效，根本原因有几点：

一是有改革开放的大环境。尤其是 1980 年全国城市规划工作会议以后，全国的区域与城乡经济发展很快，规划思潮异常活跃，迎来了城乡规划的新的春天，为区域规划与城市经济的学术发展创造了良好的环境。

二是紧紧围绕国家和地方当前和今后一个时期发展中的重点和热点问题开展学术活动，学委会才有生命力。

三是有城市规划学会作后盾。学委会的每次重要活动（主任会议、年会等），夏宗玕、石楠等领导都亲自到场指导，我认为这是做好工作的根本依靠。

四是学委会前后有胡序威、周一星两位德高望重的先生作主任委员，使学委会具有凝聚力和感召力。

五是学委会凝聚了大批具有真才实学的专家、学者，他们在不同的工作岗位，以不同的方式，为科研和学术发展作出了重要贡献，这是做好学委会工作的重要基础。

六是建立和健全工作制度（包括秘书长会议、主任会议、专题会、年会等），是做好学委会工作的重要保证。

七是选择和选举一个好的秘书长及其工作团队，并尽心尽职，是做好学委会工作的关键。

八是制定和严格执行工作计划，是做好学委会工作的根本方法。

正是由于学委会的活动往往都结合所在城市当前发展中的问题进行咨询讨论，因此学委会的工作格外具有生命力和影响力。比如2002年12月底，我们在广东省虎门镇召开了“城镇化与行政区划”学术研讨会，中国城市规划学会副理事长胡序威，中国城市规划学会常务理事、学委会主任委员周一星以及刘仁根、王东、刘君德、顾文选、张勤等60余人出席了会议。当时，城镇化引起社会上的广泛关注。但存在一些模糊认识、错误观点和不恰当的做法，非常有必要加以澄清和纠正。另外，都市区规划问题越来越引起学术界的重视，认为都市区规划将为我国的区域规划带来新的活力。但存在着名词概念不统一、地域范围不一致的问题，正处于“百花齐放”的局面。如“都市区”“都市圈”“都会区”“都市发展区”“城市群”“城市密集地区”“城市密集地带”“城市地区”“城市带”“都市连绵区”等各种称谓纷繁复杂，其内涵或互相重叠，或界定不清。在城市和区域的发展中，如何处理与行政区的矛盾也越来越突出，是靠行政区划的调整、兼并来解决，还是用地区协调的办法来解决，说法不一。针对这些情况，与会专家、学者展开了热烈讨论。在许多基本概念和重要观点上达成了共识。同时，虎门镇正在编制城市总体规划，会议代表利用一个晚上的时间，专门听取了虎门镇总体规划编制情况汇报，叶舜赞、王东、周一星、刘君德、姚士谋、李耀武、魏清泉、彭震伟、胡序威、李建勇对虎门镇的总体规划编制与城镇的未来发展提出了很好的意见和建议。

学委会的工作在取得显著成果的同时，也面临着很多难处。从客观上讲，从主任委员到委员，在学委会都不是专职，而是兼职，有时因本职工作繁重，召开工作会议都不容易；活动经费缺乏固定来源，有时召开主任工作会议，连一顿工作餐都无法解决；召开年会等，除了来回交通、食宿费用由到会人员分摊外，其余费用就得靠所在城市的政府部门支持了。另外，在10多年的时间里，从常务副主任委员和秘书长的工作角度讲，虽然做了一些工作，但有许多不尽人意的地方，至今内心仍感内疚，向学委会的其他领导、向全体委员表示深深的歉意。

自我离开工作岗位彻底回家已经2年了，离开学委会已经有16年之久。对“江湖”上的事不甚了解，也不再过问了。但对学委会仍然怀有深厚的感情，这是永远都抹不去的。我衷心祝愿学委会在学会的坚强领导下、在主任委员的带领下，紧紧依靠全体委员专家，工作越办越好！祝福大家！

城市规划之窥见

昝龙亮

作者简介

昝龙亮，1951年出生于山东省商河县人，1978年毕业于东南大学建筑系。一直从事城市规划工作，并长期从事城市建设、管理和村镇规划建设。国家注册城市规划师，高级城市规划师。曾任山东建设厅城市规划处处长、副厅长、巡视员，中国城市规划协会第三届理事会副会长。

进入21世纪以来，城市规划工作一直面临着比较大的挑战。2014年初在上海召开的中国城市规划协会会长会议上，当时有主管城乡规划的领导就认为，“城市规划到了生死存亡的关头”。2015年3月，在全国城乡规划督察年度总结培训会上，当时有主管城乡规划的领导也讲“多年来，城市规划在夹缝中生存”。党中央、国务院对城市规划高度重视，城市规划责任重大；同时，从事城市规划工作的规划者面临各种挑战，我国当前的城市规划处于一个非常特殊的时期。

一、2012年以来城市规划行业在城镇化领域的角色发生变化

城市规划行业一直关注城镇化问题。早在20世纪中叶，我国的城市规划、地理学和社会学者就把城镇（市）化理论引入中国，有关单位和学者进行了研究。当时由于我国经济基础差，城镇化没有引起高层重视。在“九五”计划期间，建设部根据我国经济社会发展的基础、现状和趋势，组织专题研究，向党中央国务院提报了《中外城市化

对比分析》，建议国家重视该项工作，促进全国经济社会健康发展。国家“十五”计划把“积极稳妥地推进城镇化”纳入国家策略。此后，建设部编制了《全国城镇体系规划纲要》，把城镇化列入建设部工作重点。从1990年代初开始，建设部积极推进省、自治区城镇体系规划的编制、审批与实施，全国若干省、自治区专门编制了省域城镇体系规划，其中相当部分都经国务院同意，由建设部批复实施。这个时期，建设部及全国城市规划建设行业高度重视城镇化工作，做了大量工作，也取得显著成效，自2008年1月1日开始实施的《城乡规划法》把城镇体系规划列入法定规划，标志着我国城镇体系规划步入法制化轨道。

2013年12月召开中央城镇化工作会议，2014年3月中央发布《国家新型城镇化规划（2014～2020）》，住房和城乡建设部的角色发生变化。2014年初，中财办起草分解落实城镇化工作的责任，第一轮稿子（征求意见稿）的“三规合一”责任分工就没有住房和城乡建设部。在力争之下，中办、国办公布的城镇化工作责任分工“三规合一”部分，住房和城乡建设部排在责任部委的名单最后。

二、国家有关部委争相向城市空间规划进军

城市规划属于城市空间规划范畴，其核心内容是城市发展的空间布局和城市土地利用。近十余年来，由于城市规划的作用和地位不断提高，国家有关部委纷纷向城市空间规划进军。有关部委都很重视城市空间规划工作，不仅讲规划，也做规划。例如，国家发改委早在2003年就强烈提出了“十一五”时期要体现出“三规合一”的趋势，曾经想在全国建立统一的规划体系，把城市规划纳入其中，成为一个专项规划，但是没有成功。然后开始一方面力推主体功能区规划，另一方面大做区域规划，是以国家名义批准了很多新区，但对城市总体规划确定的内容（如城市用地发展方向、空间用地布局、土地规模

指标等）重视不够。

国土部一方面承认城市总体规划的作用，另一方面又将规划权严格限制在城镇范围，牢牢掌握城镇外围土地的利用。2004 ~ 2006 年全国城市根据经济社会发展的需要和统一部署，几乎都编制了到 2020 年的城市总体规划，但这走到了全国城市土地利用总体规划修编的前边，尽管从各级政府决策程序和工作前后次序上看是合理的，但国土部则要求各省国土部门对政府审批城市总体规划一律不予会签。从国务院到各省政府，几乎都是等到城市土地利用总体规划修编审批完成后，即2010年开始，才对上报的城市总体规划进行会签批复。

环保部通过环评前置来参与城市规划，并且深入城市规划的核心，左右城市空间的安排。2012 年环保部在全国推行城市环境总体规划，城市环境总体规划的核心是处理好规模、结构和布局问题，并提出城市环境总体规划是指导、调控城市经济社会发展与环境保护的总体安排。其立足点和着力点是限制、优化、调整，是从环境资源、生态约束条件角度为城市经济社会发展规划、城市总体规划、土地利用总体规划提出限制要求，是资源环境承载力约束下的城市发展规模与结构优化，是基于生态适宜性分区的城市布局优化调整，通过划定并严守生态红线以限制无序开发。林业部、旅游局、水利部、交通部等相关部委对空间资源的配置越来越关注，导致住房和城乡建设部城市规划职责和权限受到越来越大约束，城市规划受到极大的挑战和掣肘，城市总体规划编制周期和审批时间太长，效率低下，几乎无主动权，难以左右。

三、城市规划长期存在的问题

改革开放以来，我国经济一直保持高速增长，特别是近 20 余年以来，我国城市建设处于大投入、大发展时期，城市就像一个成长中的青少年，身体快速发育成长，城市规划往往显得滞后。城市规划要超前也就成为一种必然的要求，特别是在东部地区。这个时期城市规划得到长足的发展，较好地适应了我国经济社会发展的要求，城市规划真正起到了引领调控的作用。当然，城市规划中也存在一些问题，例如，个别地方建设活动过热，违法建设屡禁不止，集中统一的规划管理体制不断受到挑战和冲击，城市历史文化遗产和自然资源保护不够，受到不同程度的破坏等问题。回顾近 20 余年来我国城市规划有关政策和导向，我总感到城市规划中存在的问题对全国的城市规划指导思想和原则产生了很大的影响。

1992 年邓小平南巡讲话后，我国提出发展社会主义市场经济，城市经济进入一个快速发展时期，城市建设也进入迅速发展时期。当时的城市规划明显滞后，各类开发区大批设立，纷纷搞封闭式管理；大城市区里要规划权、市里下放规划权比较突出；房地产业蓬勃兴起发展，有规划但不按规划办，也有规划跟不上的问题。当时国家及时强调并部署，开展跨世纪的城市总体规划修编；强调加大执法力度，保障城市规划的实施；城市规划应由城市人民政府集中统一管理，不得下放规划管理权。这些当时都收到了很好的成效。从 1994 ~ 1995 年开始，上层主管部门和更高层认为“现在全国各地乱占耕地，乱搞开发区的现象比比皆是”“许多城市的规划面临着失控的危险”“一些领导干部急于求成，片面追求经济效益及短期效益，要求放宽城市规划的约束。（城市）开发建设过度超前，造成城市基础设施严重短缺”“根据我国的基本国情，一定要严格控制大中城市建设规模，适度发展中小城镇和卫星城市”。在这种背景下，1996 年《国务院关于加强城市规划工作的通知》（国发〔1996〕18 号）明确要求，严格控制城市规模，并采取了一系列措施。此后的好多年里，严控大城市规模的认识不但没有减弱，反而得到进一步强化。

2002 年初，高层认为全国相当部分地区房地产过热，城市建设过热，曾提出为防止在中国出现类似亚洲金融危机和日本房地产泡沫的情况，全国城市建设要全面刹车。随后建设部汪光焘部长向中央政治局常委汇报时，列举了当时城市建设中存在的六大问题：一是超越经济和资源承受能力，盲目攀比，随意扩大建设规模；二是在居民住房条件和居住环境尚未得到根本改善的情况下，把大量财力物力投入到不适当的“形象工程”和豪华办公楼建设上，对于与老百姓居住生活直接相关的经济适用房建设和危旧房改造，却重视不够、投入不足；三是无视规划，违反法定程序，擅自批准建设；四是一些历史文化名城重开发、轻保护，拆真古迹、建假古董，造成历史文化遗产的破坏；五是对小城镇规划重视不够，规划引导不力、重点不突出，导致小城镇建设无序，土地资源浪费和环境污染严重；六是一些风景名胜区忽视保护，超强度开发，自然生态和景观资源遭到严重的破坏。之后很快国务院下发13号文件《国务院关于加强城乡规划监督管理的通知》，针对问题症结分别从端正城乡建设指导思想，大力加强对城乡规划的综合调控，严格控制建设项目的建设规模和用地规模，严格执行城乡规划和风景名胜区规划编制和调整程序，健全机构、明确责任、提出具体要求并进行部署。

2005年7月，在国务院召开的城市总体规划修编座谈会上，汪光焘部长在汇报城市规划取得成绩的同时，也指出了在规划修编过程中出现的一些不容忽视的问题，如一些城市在城市定位和经济社会发展目标上不切实际，大大超过了经济发展阶段和资源环境的承载能力，盲目追求高速度和高标准，随意扩大城市人口和建设用地规模，大肆圈占土地；一些城市在总体规划修编中，仍将宽马路、大广场、CBD、会展中心、行政中心等作为规划的重要内容，大搞政绩工程、形象工程……时任国务院领导谈到城市建设和城市规划中存在的问题时，指出问题主要表现在以下几个方面：一是发展定位不当，盲目扩大规模；二是发展模式粗放，资源浪费严重，一些地方在城市建设中大量圈占土地，乱占滥用耕地；三是空间布局不合理，城市缺乏特色；四是城市规划科学性不足，严肃性和权威性不够。随后，建设部召开了“全国城市总体规划修编工作会议”，对全国到2020年的城市总体规划修编工作进行部署。

2005年建设部仇保兴副部长认为，近年来我国城市建设突飞猛进，迎来了空前的繁荣，但令人苦恼、彷徨的问题也伴随而来，当前我国城市规划主要存在的问题是：一是城市规划对城市发展失去调控作用；二是城乡规划体制分割，城郊接合部建设混乱；三是开发区规划建设与城市总体规划脱节，自成体系；四是历史建筑、城市风貌受到严重破坏；五是城市生态受到破坏，环境污染日益严重；六是规划监督约束机制弱，违法建筑严重泛滥；七是城市建设时序混乱，城市基础设施严重不足和重复建设浪费并存；八是区域规划协调机制不健全，传统大而全、小而全思想仍占上风；九是城市建设风格雷同，千城一面；十是中小城镇规划建设未引起足够重视。这些被称为“我国城市规划十大怪现状”广为传播（2005年9月26日《北京青年报》）。2015年8月，国土资源部胡存智副部长讲，在（当前）新型化城镇化发展过程中，城市的开发和建设存在三个问题：第一，脱离实际，贪大求洋的建设方式，严重浪费建筑空间和土地资源；第二，目前城市的建造方式和用地方式，耗能费地，形成严重的城市病；第三，侵占优质耕地，冲击耕地保护红线，危及生态安全。可以说，上层这些思路和看法一直到现在影响还相当突出。

四、城乡规划法的刚性与弹性

基于多年来对城市规划问题的认识，在2008年开始实施的《城乡规划法》中，确实强化了城市规划的刚性，对城市规划的弹性也相应作了规定，但这种弹性在现实实施中几乎没有很好地得到落实，或者说也很难以落实。

《城乡规划法》规定，控制性详细规划修改涉及城市总体规划、镇总体规划强制性内容的，应当先修改总体规划。山东省城乡规划条例规定，编制控制性详细规划，不得改变城市、县城、镇总体规划的强制性内容；确需改变的，应当先按照法定程序修改总体规划。由于各种原因，国务院审批的城市总体规划从编制到审批时间漫长，个别的甚至10年左右都未能通过，目前又到了新一轮城市总体规划修编的时期。按照这种审批效率，控制性详细规划修改城市总体规划强制性内容先按法定程序修改城市总体规划几乎已无可能。若完全按法定程序办，在经济快速发展、城市建设快速发展的时期，城市规划的办事效率几乎难以保证，城市规划为经济社会发展服务也无从谈起。城市控制性详细规划光编不批或少批，就成了全国较普遍的现象。当然，控制性详细规划依据城市总体规划编制非常正确，对总体规划强制性内容特别是有关城市生态安全格局、城市公众利益、影响城市可持续健康发展的内容应该按法定程序办，这无可非议，但结合实际对其进行微调应该是科学合理的，这也应作为地方政府的事权。对此，国家和省级层面均未出台具体规定。另外，《城乡规划法》规定，不得在城市规划建设用地范围以外作出规划许可，这个规定一概而论，本身也缺乏科学性。有长期从事城市规划工作的同志讲，城乡规划看着灵活，实际很难走通，《土地法》看着严肃，执行起来却比较灵活，城市土地利用总体规划在实施中把调整作为一项经常性的工作，就保持了相应的适应性，是科学的。这也道出了我们城市规划的思路有问题。

五、国家强化城市规划管理力度显著加大

从国家部委层面，对城市规划一直高度重视，从立法到制定政策再到工作部署都体现了这一点。《城乡规划法》颁布实施后，相应的配套法规、规章、标准规范及有关政策措施都在逐步配套完善，特别是围绕维护城市规划的法制性、刚性、严肃性，保证城市规划的有效实施，强化规划管理，加强规划层级监督力度在不断加大。

从2006年开始，国家建立实施城乡规划督察员制度，由住房和城乡建设部向国务院审批城市总体规划的城市派驻城乡规划督察员，对城乡规划的编制和实施（含国家历史文化名城、国家级风景名胜区，下同）进行层级监督，确保国务院审批的城市总体规划（含历史文化名城、风景名胜区）有效实施，监督向事前事中转移，防止城市建设违反城市规划产生大的失误。同时也要求各省、自治区、直辖市建立相应的城乡规划督察制度。2015年山东已实现了全省市、县（市）城乡规划督察制度全覆盖，走在全国前列。全国各省、自治区大部分也建立了城乡规划督察员制度。

2007年开始，全国将卫星遥感技术用于辅助城乡规划督察，国务院审批城市总体规划的城市已基本全覆盖，山东省也全面实行了这个办法，城市规划实施情况纳入全过程、全覆盖监测。

2012年12月，监察部、人力资源和社会保障部、住房和城乡建设部以29号令发布了《城乡规划违法违纪行为处分办法》，从2013年1月1日起施行。该办法依据《城乡规划法》等法律、法规详细规定了对违反城乡规划、历史文化名城保护规划、风景名胜区总体规划行为的市长、县长、局长及管理人员，城乡规划设计单位及有关人员、相关部门负责人及有关人员、建设单位负责人及有关人员给予相应的处分，即行政责任追究，这个力度是空前的，堪称中国城乡规划史上一件大事。

2014年，住房和城乡建设部颁布了《住房和城乡建设部利用遥感监测辅助城乡规划督察工作违法案件处理办法》，并在全国部分城市查处了一批城市规划违法案件，一批人受到行政责任追究，得到相应的处分，这几乎是前所未有的。东莞市温塘社区文化中心未按规划许可进行违法建设，对16栋1万多平方米的违法建筑进行了拆除，并对该社区党委书记、规划局相关负责人进行了责任追究。长沙市对金科时代项目侵占规划绿地的开发建设进行了依法查处，并对经济技术开发区管委会和规划局相关责任人进行了责任追究。2015 年，住房和城乡建设部还举行新闻发布会，通报石家庄、邯郸、无锡、厦门、南昌、襄阳、贵阳、兰州、乌鲁木齐等 9 市的 9 起违反城乡规划典型案件，进行挂牌督办，到 2016 年 9 月底，这 9 起违反城乡规划典型案件依法处理 38 人，这种力度前所未有。

六、城市规划迎来新机遇

近年来，党中央国务院对城乡规划工作空前重视。2015 年 12 月 20 ~ 21 日，中央在时隔 37 年之后，又一次召开了城市工作会议，掀开城市发展新篇章。习近平总书记在会上发表重要讲话，分析城市面临的形势，明确做好城市工作的指导思想、总体思路、重点任务。李克强总理在讲话中明确了当前城市工作的重点。会议从中央层面为城市建设发展搭建顶层设计，按照“一个尊重”“五个统筹”的要求对城市工作进行了全面部署。2016 年 2 月，《中共中央、国务院关于进一步加强城市规划建设管理的若干意见》（中发〔2016〕6 号）发布，明确了城市规划建设管理工作的指导思想、基本原则、具体目标和重点任务，成为当前和今后一个时期我国指导城市规划建设管理、促进城市持续健康发展的纲领性文件。中央领导还就城市规划多次发表重要讲话。习近平总书记强调：“城市规划在城市发展中起着重要引领作用，考察一个城市首先看规划，规划科学是最大的效益，规划失误是最大的浪费，规划折腾是最大的忌讳”“要发挥城乡规划引领作用”“一张蓝图绘到底”“切实保护生态资源，改善人居环境”“城市规划要保持连续性，不能政府一换届，规划就换届”。

2018 年 3 月 17 日，十三届全国人大一次会议表决通过了关于国务院机构改革方案的决定。随后，中共中央印发了《深化党和国家机构改革方案》，将住房和城乡建设部的城乡规划职能划转新组建的自然资源部。我觉得，这次城市规划职能的调整，是党中央推进重大改革、适应国家治理、实现党的目标的重大决策，对保证国家治理能力是重大举措。城市规划也好，土地利用规划也罢，其共同的核心内容是土地的利用和保护，这些职能都由新组建的自然资源部统一负责管理，既不存在谁胜谁败，更不存在谁吃掉谁，也不能说是谁去主导，这真正充分体现了国家的意志。

在社会主义市场经济条件下，城市规划作为公共决策，主要是政府对空间资源的管理，其核心内容是城市建设发展的空间布局和城市土地的空间利用与保护，配置的是空间资源，调整的是利益关系，维护的是公共利益、城市安全、公平和效率，处理的是整体与局部、近期与远期的关系，目的是保证城市健康、可持续发展，实现城市经济、社会、环境三个效益的统一。鉴于城市规划的科学性和工作属性，在我国的经济社会发展进程中各级政府都需要城市规划的战略引领和刚性管控。各级政府、各级部门会越来越重视城市规划工作，城市规划只能被加强，不会被削弱，这是城市规划的性质、地位、作用所决定的，应该是城市规划工作的基本走势。另外，城市规划绝大部分内容是地方政府的事务，上级政府更加关注的是涉及国家及城市的生态安全、公共利益、土地资源的有效利用等。各级政府对城市规划的事权会越来越清晰，一级政府一级事权，对此国家有关部门、地方政府及学术界已引起重视，并开始了有益的探索，城市规划的相关制度也会进一步完善。

城市规划作为一门科学，会与时俱进。改革开放以来，我国城市规划工作在取得重大成就的同时，由于各种原因，也确实出现了一些突出的问题，中央城市工作会议已有定论。但这些问题呈现出阶段性的区别，这些问题是前进中的问题，是发展中发生的问题，并不能代表城市规划事业的主流。中央城镇化及城市工作会议以后，我国城市规划为了适应新形势的要求，坚持问题导向，一直在积极不断地研究探索，并摸索出一系列成功的经验。这些做法和经验尽管离中央、国家新的要求还有甚大的差距，但城市规划会应对城市经济、社会的发展去发展，其理论、方法、手段也会与时俱进，这也是任何学科发展所遵循的普遍规律。

参考文献

[1] 邹德慈等. 新中国城市规划发展史研究——总报告及大事记 [M]. 北京：中国建筑工业出版社，2014.

[2] 曹传新，张忠国. 城市总体规划制度机制困惑与改革探索——法律视角下的技术、政策和事权一体化 [M]. 北京：中国建筑工业出版社，2014.

[3] 杨保军，陈鹏. 制度情境下的总体规划演变 [J]. 城市规划学刊，2012（1）：54-62.

[4] 秦杰，陈仁厚，刘铮等. 《深化党和国家机构改革方案》诞生记 [J]. 决策探索（上），2018（4）：60-64.

“中关村科学城”早期规划建设的涓滴回忆

毛其智

作者简介

毛其智，1952年5月生于浙江杭州。工学博士，清华大学建筑学院教授。主要研究方向：城市与区域规划，城市设计与历史文化环境保护。学术兼职：住房和城乡建设部城乡规划专家委员会委员，城乡规划标准化技术委员会副主任，全国高等学校城乡规划学科专业指导委员会副主任；中国城市规划学会常务理事，中国城市科学研究会常务理事。2005年当选国际欧亚科学院院士，2005年、2008年两次当选世界人类聚居学会副主席。曾获全国优秀科技工作者奖章，全国优秀工程设计金奖，华夏建设科学技术奖一等奖，建设部优秀城市规划设计一等奖，北京市优秀村镇规划设计一等奖。

中关村无疑是新中国历史上一块十分特殊的地域。这里有北京大学、清华大学等数十所高等院校，有以中国科学院为代表的上百家科研院所，有数以万计的科技人员在这里工作和生活，这里是全世界屈指可数的知识与人才的密集区之一。在纪念改革开放四十周年之际，中关村这个名字及其发展历程更加令人难以忘怀。

一、家住中关村

早在中华人民共和国成立之初，中关村地区就在新首都的规划建设中被收入科研文教区视野，依托着周边的清华大学等高等院校，这里最终成为中国科学院的永久性院址。可能是由于苏联从1957年开始在鄂毕河畔建设苏联科学院西伯利亚分院，并定名为“新西伯利亚科学城”的缘故，在那个“学苏”的年代，“中关村科学城”的名字也逐渐出现在国人的口口相传之中。

我的父母都是科技工作者，中华人民共和国成立后不久就参加了中国科学院某研究所的筹备工作。随着中科院在中关村的第一批住宅落成，我家从暂居的长春市搬来入住，并就此与中关村结下一生之缘。六十年多来，这一地区的风风雨雨，起伏变化，历历在目。

1952年开始建设的中关村科学院园区，是始于燕园之东、靠近西颐路（西直门至颐和园）的北区家属宿舍和紧邻宿舍区的几个研究所。最初家属区的商业服务设施很少，只有大合作社和小合作社两个商店，可以开会、演电影的大操场，一座“四不要”礼堂，以及设有饭馆、茶点部、新华书店等内容的福利楼。至“文革”前又陆续建成了南区家属宿舍、中关村小学、幼儿园、医院、灯光球场和露天游泳池，还有更多的研究院所。

我1965年考上北京大学附属中学，学校位于中关村南区的保福寺，紧邻西颐路，在32路公共汽车的黄庄站下车。那时学校周边多是农田，南校门外有个大窑坑，西校门外是个屠宰厂。记得高年级同学传下来一句顺口溜：“北大附中，四面漏风”。这时期的中学生在历史上被统称为“老三届”，后来大多“上山下乡”去了。“文革”结束后，我有幸在1978年通过高考到浙江大学读书，1982年考上清华大学建筑系城市规划专业的研究生，重新回到我在中关村的家[①]。

二、海淀镇改建规划

改革开放，百废待兴，中关村地区也不例外。新当选为总书记的胡耀邦在1980年4月签发了《中共中央书记处关于首都建设方针的指示》，提出“把北京建成全国科学、文化、技术最发达，教育程

---

① 我的导师是吴良镛先生，当时吴先生门下已有三位“文化大革命”前毕业的师兄师姐在读：赵大壮（78级硕士、81级博士）、左川（79级硕士）和戴舜松（80级硕士）。

度最高的第一流城市，并且在世界上也是文化最发达的城市之一”。他说：“北京的历史文化基础本来就比较深厚，现在又是科学、文化、教育事业比较集中的地方，因此，达到这一点也是有条件的。”北京市将中央书记处关于首都建设方针的指示作为修订北京城市建设总体规划的基本准则，明确了北京作为全国政治中心和文化中心的定位，以及把首都建设成为现代化的、高度文明和高度民主的社会主义城市的发展目标。

1980年代初期修订北京市总体规划时，如何改善广大城市居民的工作和生活条件，如何满足配套建设市政公用设施和公共服务设施的需求，是首先要面对的重大挑战。在新的城市布局规划中，西北郊是科学研究机构和高等学校比较集中的地区，为了改善这里的居住和生活服务设施，规划在西北郊的海淀等地选址，新建大型商业服务业中心。在《北京城市建设总体规划方案》形成之际，海淀镇的改建规划被提上议事日程。

记得我进入清华大学的那年冬天，为准备建筑系78级本科生的毕业设计，吴良镛先生带着规划教研组的陈保荣老师、朱纯华老师和我，相继拜访了海淀区政府和北京市规划局，经过与市、区相关领导同志的一番探讨，我们承接了海淀镇改建规划的任务。时任海淀区委书记的贾春旺及后任的张福森都是清华校友，对我们的工作十分支持。北京市规划局直接负责海淀区规划管理的张凤岐和朱燕吉两位工程师，海淀区规划办公室的钱主任和区规划局田局长，都给予我们多方面的热情指导。

海淀的历史悠久，文字记载可追溯至元代初年，清代中期因西北郊皇家园林成为重要的政治活动中心而一度繁荣，“朱门碧瓦，累栋连甍，与城中无异”，镇区人口在万人以上。中华人民共和国成立后，海淀镇一直是北京大学、清华大学、人民大学和中关村科学院地区的商业服务中心。1952年院系调整，新组建的北京大学在原燕京大学校园的基础上向南拓展，占用了海淀镇北部的清梵寺、军机处等地段。在我 1960 ~ 1970 年代的记忆中，海淀镇是由北京传统的平房四合院和大小胡同组成的居住区，海淀区政府坐落在镇区中心。那时镇北侧的老虎洞胡同里还有不少店铺，特别是有一个规模较大的海淀百货商店（后迁至南大街）。在海淀西大街上有新华书店和利生文化体育用品商店。南大街上的海顺居和面对北京大学的长征食堂，则是镇里两个最大的饭馆。

对于海淀镇的历史研究，首先来自侯仁之先生发表在《地理学报》1951 年第 1、2 期合刊上的文章《北京海淀附近的地形水道与聚落——首都都市计划中新定文化教育区的地理条件和它的发展过程》。这篇文章是侯先生应吴良镛先生之邀，于 1950 年秋季给清华大学营建系市镇计划组和北京市人民政府都市计划委员会做报告后改写的。文章指出："十数年后，这一带地区必将成为全国最大的文化教育区……海淀镇必将成为全社会生活的中心，海淀镇的新使命就是要为人民首都的整个文化教育区而服务……这个文化教育区所要求于海淀的，不再是私人的园林与别墅，而是大书店、大博物院、大体育场、大音乐厅，以及其他各式各样的为了满足群众文化生活要求的公共大建筑。这样的发展，只有在自由自主的人民新中国才有可能！"

根据海淀镇历史形成、发展以及在城市中所处的自然地理位置和在城市发展中所担负的职能，海淀镇改建规划组提出的规划指导思想是：

（1）建立生活方便、环境优美，既保持历史特色，又与城市有密切联系的新型城市生活居住单元：工作－居住综合体，以满足城市现代化的发展。

（2）建立为周围文教、科研单位居民以及附近居民服务的市级亚中心，以适应城市规划结构的变化和居民多层次的生活要求。

（3）建立使用合理、工作方便的海淀区行政中心，以便加强管理，提高效率[①]。

回顾当年的北京城市建设总体规划，海淀镇虽被定位为城市副中心（也称亚中心），但在全市的规划总图上，仅在靠近白颐路的两侧标出短短细细的两条红色地块。清华大学编制的海淀镇改建规划，镇区面积126公顷，2000年规划总人口约5万人。海淀亚中心的规划面积扩大至10公顷，建筑面积15万平方米，规划内容既包括传承历史风貌的商业街，又有大型的商业中心、旅馆，文化娱乐方面有博览馆、图书馆、俱乐部和区民会馆，还有多样化的教育科研服务设施和少年科技宫。那时，国家还处于"计划经济"阶段，大规模商业和房地产开发的年代尚未到来，我们的规划很大程度上是在表达一种对未来的憧憬。在吴先生和陈保荣、朱纯华两位老师指导下，建筑系78班的毕业设计顺利完成了海淀镇改建规划方案和海淀城市亚中心规划研究。1984年，建筑系79班的同学饶量、刘武君，研究生梁勤，在吴先生和朱纯华老师指导下，完成了北京西北片亚中心规划的毕业设计。1984年，北京市政府专题会原则通过了清华大学提交的规划设计成果。

三、中关村科技教育开发区规划

1980年代，世界各主要发达国家都在积极迎接新技术革命的挑战，发展新技术已经成为不可抗拒的世界潮流。改革开放的中国也不例外，勇于创新的中关村人，再次走出国门，睁开眼睛看世界，思考着如何迎接21世纪新技术挑战的大课题。

1983年1月，一份介绍中科院物理研究所陈春先成立"先进技术发展服务部"，探索发展类似美国硅谷、128号公路的"技术扩散"模式，促进科技成果转化成生产力的新华社内参，得到相关领导的批

① 引自清华大学建筑系《海淀镇改建规划说明书》，1983年6月。

示，认为这“可能走出一条新路子”。同年4月，陈春先在中关村地区创办了第一家集体所有制科技开发机构——北京华夏新技术开发研究所。之后，海淀区政府与中国科学院联手推动，“科海”“海声”“海华”“鹭岛”“希望”“四通”等各具特色的高技术企业在中关村地区相继成立。

吴良镛先生敏锐地看到中关村地区蕴藏的巨大潜力，在进行海淀镇改建规划的同时，已将研究的视野扩大至整个西北郊文教区。他指导我和一位本科生先期开展了《北京西北郊的城市化过程及西北片规划初探》的研究，并将其纳入1983年6月完成的海淀镇改建规划报告。之后，我的硕士学位论文题目定为《城市分区规划研究》，研究重点放在西北郊文教科研区。这既是当时北京市总体规划的需要，又与中关村的发展密切相关。

1984年初，“加速开发中关村地区的智力资源，建设具有中国特色的科学城”的思想开始在中关村地区酝酿。国务院办公厅提出，在北京、武汉、上海、广州等13个城市中“挑选科技人员比较集中的地方，按其所长，试办新兴技术、新兴产业密集的小经济区，发展新兴产业。”至1984年夏，在海淀镇东北角的中关村路口一带，已出现20余家出售计算机和相关电子产品的商店。这里不但有买有卖，同时又是各种业务牵线搭桥的中间场所，技术咨询业务十分活跃，被外电誉为“北京西北角的一个小型硅谷”。

1984年5月7日，宋平同志指示国家计委“可以找人研究一下，中关村一带大学、研究所非常集中，如何加强他们之间的联系，并同工业部门结合，形成一个科研开发的中心。”遵照中央的指示，在国家计委的组织下，有国家科委、教育部（一年后改为国家教委）、北京市、海淀区以及清华、北大、人大等高校参加，于1984年7月酝酿成立了中关村科技开发规划办公室，对刚刚出现的“中关村电子一条街”和整个北京西北文教科研区的发展进行战略性探索。国家计委科技局派来具体主持办公室工作的是建设处处长严谷良[1]，记得给办公室拨发的工作经费是30万元，这在当年也算是很大的一笔钱了。

我的硕士论文此时已进入中期阶段，也积累了一批北京西北郊文教科研区有关的资料。经吴先生推荐，我以研究生的身份参加了办公室的工作。办公室设在海淀区政府的后楼二层，人员来来往往很热闹，但常驻的人不多，我则是每日必到。规划办公室在短时间内组织了一系列调研活动和研讨会，清华大学科技处派到办公室的是一位刘老师，很多时候都看见他与严谷良在商讨问题。我在办公室的主要任务是依据经中央批准的《北京城市建设总体规划》和正在编制的北京西北郊分区规划以及清华大学建筑系团队的研究成果，提出中关村科技教育开发区的建设规划方案。

当时在空间规划方面讨论较多的问题之一，是“中关村科技教育开发区”的范围到底划多大？选择有三：

（1）如只考虑中关村街道办事处的范围[2]，加上北大、清华、人大和海淀镇，则一共只有十来平方公里，是中关村的核心区。

（2）清华大学进行北京市西北片规划的范围。考虑到历史传统的延续性、合理的环境容量以及突出文教科研区的特点，以工作－居住相对平衡为原则，我们确定的边界是：清河、肖家河以南，颐和园、京密引水渠以东，南长河、紫竹院、动物园以北，京包铁路以西。该片区土地面积约43平方公里，区内各文教科研单位已基本连成一片。

（3）由于上述的西北片规划方案仅仅考虑了京包铁路以西的地

---

① 严谷良，1940年出生，上海人。1958年考入清华大学原子核物理工程系，1964年毕业分配到国家计委燃料司工作。1984年任国家计委科技局建设处处长，主持中关村科技开发规划办公室，1993年调物资部燃料司任副司长。

② 当时的中关村街道办事处辖区面积3.34平方公里，居民13145户，人口42700人，主要为中国科学院京区各研究院所的工作、居住区。——摘自《北京市海淀区地名志》，1992年，北京出版社，第79页。

区，没有将中华人民共和国成立后重点建设的“八大学院”包括在内，因而在这次规划时仍感到不够圆满。几经反复，征求了各方面意见并考虑到海淀区的行政边界，最终确定的“中关村科技教育开发区”范围为：北到农大、清河，南抵白石桥、紫竹院，东至德（胜门）清（河）公路，西接京密引水渠，包括颐和园和圆明园在内，总面积约 100 平方公里，常住人口 65 万。

范围确定后，我依据万分之一的地形图，首先着手绘制“中关村科技教育开发区现状图”。图纸经吴良镛先生审定后，我请吴先生题写图名。吴先生在我的绘图工具包中选了最大的一支水彩笔，饱蘸墨汁，一挥而就。图纸挂出后，各方人士都来观看，且议论纷纷。有人说，开发区面积这么大，中央会同意吗？还有人说，吴先生胆子真大，把颐和园、圆明园都包括进开发区了，与科技教育开发区是什么关系？

1984 年 10 月，中关村科技开发规划办公室经过 3 个月的紧张工作，提出了一份《中关村科技、教育、新兴产业开发区规划纲要》，在同年 11 月 3 日召开的中关村规划专家研讨会上得到许多领导和学者的赞同。这一时期，中科院编制了包括中关村和北郊地区的十年发展规划，北大、清华等高校也完成了“七五”期间的校园建设总体规划，都为中关村地区的近期发展准备了条件。中关村规划纲要最后送到了国务院。

1985 年 4 月 30 日，国家科委向国务院正式提交的“关于支持新兴技术新兴产业发展的请示”中提出，“在北京中关村、上海嘉定、武汉东湖、广州石牌（五山）及其他地区优选、试办几个新技术新产业开发区”。

1985 年 5 月，我的硕士论文《城市分区规划研究》通过答辩（获清华大学优秀硕士学位论文），毕业留校后在吴先生领导的研究所工作。

秋季开学后，新的任务是准备建筑系 81 级同学的毕业设计。这次，吴先生将题目扩大为“北京西北文教区发展规划及设计”，指导教师有：吴良镛、陈保荣、朱纯华、文国玮、赵大壮、毛其智、关蔚禾，以及客座指导教师、时任中国科学院基建局副局长的薛钟灵高级工程师；毕业班同学有李悦、洪强、姚小琴、何明俊、霍兵、关壮为，同时还有研究生梁勤、朱文一、周勤等参加。研究内容增加了西北郊的土地使用分析及调整、客运交通系统调整规划、西颐路中段及中关村科学城中心规划设计、环境质量调查及规划治理设想等。在 1986 年 6 月毕业设计汇报的同时，梁勤的硕士论文《大城市亚中心的探讨》也顺利通过了答辩。

1985 年 12 月 3 ~ 7 日，我和梁勤一起到广州参加了由《城市规划》编辑部和中国建筑学会城市规划学术委员会联合主办的“科学城学术研究讨论会”。记得当时主持会议和负责编辑部工作的是清华建筑系 1953 级的学长鲍世行先生，他对我们很是关照。研讨会上传达了中央领导同志的有关指示，回顾了新中国成立以来我国科学城建设的历程，交流了北京、广州、武汉、上海、南京、合肥、长沙、昆明、深圳等城市建设科学城和新兴产业开发区的经验。我作为清华大学的代表，介绍了北京西北郊中关村地区的规划构想。

综合 1983 ~ 1986 年清华师生针对北京市西北郊、中关村和海淀镇的各项规划设计研究成果，吴先生、陈保荣老师和我于 1987 年 2 月完成了《北京市西北郊文教科研区发展规划研究》报告（正本、附件各一册）。报告在分析国内外有关“科学城”建设发展的理论和实践的基础上，从北京市西北郊文教科研区的发展研究入手，剖析“中关村现象”的实质；探讨“中关村模式”的构成及文教科研区今后的发展方向和结构形态；提出文教科研区总体发展战略的设想和中关村地区近期建设的规划方案．目的在于经济而有实效地提高该地区的城市建设水平和社会化服务的程度，以利于开发蕴藏在这里的丰富智力资源，更好地为实现四化服务。

报告建议：对于这样一个重大的课题，需要提请有关方面加以推动，以开展高层次、大范围、多学科的综合研究。在充分论证的基础上，制定具体的规划方案，不失时机地、稳步地建设中国式的“科学城”。

报告中的第二、第三部分，后来摘要发表在《城市与区域规划研究》2013 年第 2 期。

报告于 1987 年 5 月提交中关村科技开发办公室及海淀区政府，并转呈国家计委和北京市政府。1988 年 3 月，国家科委和北京市政府关于在中关村地区率先建设新技术开发试验区的方案得到中央批准，国务院在 5 月 10 日批准了《北京市新技术产业开发试验区暂行条例》，决定“以中关村地区为中心，在北京市海淀区划出 100 平方公里左右的区域，建立外向型、开放型的新技术产业开发试验区。”至此，我国国家级高新区的规划建设正式起步。

清华大学师生的工作对中央批准第一个国家级高新技术产业开发区——中关村科技园区，无疑发挥了重要作用。1999 年 4 月 29 日，吴良镛先生在京西宾馆召开的“中关村发展战略研讨会”上发言指出：“回顾这些年来中关村地区发生的一系列重大事件，使我们愈加体会到开展这一研究工作的重要意义，认识到对于北京市规划建设整体思考的必要性。今天北京城还在不断膨胀，建设规模巨大，问题十分复杂。在此，应再次呼吁对于重大问题决策需要有整体的、互相联系的和发展的观念，力求多学科协同研究，推进科学化、民主化决策，而城市规划活的灵魂，也正在于此。”

珠三角绿道网建设
——中国区域规划实施的范例

房庆方

作者简介

1954年出生，广东东莞人，1982年中山大学经济地理（城市规划）专业毕业；曾任广东省住房和城乡建设厅厅长，广东省人大常委会委员，中国城市规划学会副理事长。

珠三角绿道网的建设，是广东改革开放史上的一件大事，在国内有着广泛和深刻的影响，也得到了国际同行的关注。

在2009～2012年，珠三角绿道网建设被省委政府列为一项重要工作，时任中央政治局委员、广东省委书记汪洋在省委全会上亲自部署并亲自督导。珠三角各市广泛动员，上下齐发力，在“一年基本建成，两年全部到位，三年成熟完善”的目标口号下，到2010年底时，2372公里珠三角绿道网全线贯通（大大超过《珠三角绿道网规划纲要》提出的1690公里的目标），到2013年底实际建成8298公里的珠三角绿道网［其中省立绿道2372公里，城市绿道（市立）5926公里］。珠三角绿道网建设被评为2011年度中国人居环境范例奖、2012年迪拜国际改善居住环境最佳范例奖（联合国人居署颁布）。

珠三角绿道网的建成联网，为高度城市化的珠三角地区协调和可持续发展，为珠三角市民的绿色生活提供了良好的环境，获得了较好社会效益，经济效益和环境效益。

珠三角绿道网建设全面启动和实施的三年（2009～2012年），

是珠三角规划实施成效最为显著的三年。从专业的角度来看，它是中国区域规划实施的范例。

珠三角绿道网并不是开展珠三角规划之初就有的理念。它有一个从珠三角城镇体系规划——城市群规划——城镇群协调发展规划——绿道网规划建设的发展过程，这也是持之以恒，逐步深入和明晰的过程。

我于 1982 年 1 月中山大学经济地理（城市规划）专业毕业后一直在省级建设规划管理部门工作，有幸成为珠三角规划编制和实施三十多年来为数不多的亲历者。

广东是中国改革开放的先行地，珠江三角洲是广东发展的龙头。1980 年代改革开放之初，百业待兴，急于发展，对于环境普遍重视不够，环境污染日益严重，城镇发展比较粗放，带有相当的盲目性。

1980 年代初，广东省建委看到问题的严峻，强调城镇间的协调发展，组织编制了广东省城镇体系规划和珠三角城镇体系规划，对全省和珠江三角洲的城镇健康发展起了一定的作用，但是客观地说，当时各市县村发展的动力强劲，广东省建委的规划对地方的调控力有限。尽管珠三角的城镇开始有了规划的引导，但产业布局和环境污染问题仍然非常突出。

广东省委省政府看到珠江三角洲发展的紧迫问题，一直不遗余力推动珠三角的协调发展。其中以下几个重要事件对珠三角的城镇发展和区域的协调有重要影响，也可以说为珠三角绿道网规划思路的形成打下良好的基础，是一脉相承的珠三角规划。

一、1995 年的珠三角城市群规划，并首次提出“生态敏感区”的概念

当时的背景是 1992 年邓小平南巡发表重要讲话，要求广东用 20 年时间赶上亚洲“四小龙”，党的十四大要求广东用 20 年基本实现

现代化。为此，广东省委省政府在 1994 年底作出开展珠三角经济区发展规划的决定。时任中央政治局委员、广东省委书记谢非和时任广东省委常委、副省长张高丽是规划的主要领导者。谢非书记提出珠三角的城市不光要当“单打冠军”，更重要的是要当“团体冠军”，要珠三角的整体的协调可持续发展，不要恶性竞争和互相污染，要保护好生态环境。

珠三角经济区城市群规划是珠江三角洲经济区发展规划五个重点专题规划之一。广东省建委非常重视珠江三角洲城市群规划，时任省建委主任陈之泉亲自安排部署，为与管理更为紧密结合，不再委托其他单位编制，而由省建委直接抽调专业人员组成规划编制组直接编制。规划编制组以省建委规划处的力量为主，抽调省规划院，中山大学，广州地理所，广州、深圳、珠海规划部门共 12 名有专业水准的年轻人组成。我当时是省建委规划处长，兼任规划编制组的组长。同时还成立了珠三角规划的联络组，由珠三角建委和规划局的领导及专业人士组成。这次规划编制历时半年，获省政府批准实施。

这次规划由于是首次由省级建设规划部门主导编制的，所以更加重视实用和创新。其主要内容当时用“1234”来概括，即一个核心——以广州为经济区的核心；两条发展主轴——广州至深圳发展轴和广州至珠海发展轴；三大都市区——中部都市区，东岸都市区和西岸都市区；四种用地发展模式——都会区、市镇密集区、开敞区和生态敏感区。特别是将四种用地模式落到珠三角城市群规划的总图上，其实是各市的城市总体规划在珠三角区域的缩小版。它将珠三角 9 市和主要城镇的城市总体规划涉及区域协调的主要内容绘到珠三角城市群规划总图上，经与各市反复协商，调整和修改有冲突的部分，尽量避免与城市之间未来发展发生大的矛盾。

特别是在规划中首次提出“生态敏感区”概念，意在提出警示，如珠三角的城市发展触及这些区域可能对珠三角的环境带来危害，是生态敏感的地区，将人们规划关注重点从建设用地拓展至非建设用地（生态敏感的用地）。这其实正是省一级政府需要重点关注和管理的地区，也为以后的区域绿地和珠三角绿道网的提出奠定了思想和理念的基础（有关本次规划的成果——《珠江三角洲经济区城市群规划——协调与持续发展》1996年已由中国建筑工业出版社出版）。

二、2004年的珠江三角洲城镇群协调发展规划，进一步提出“区域绿地”的概念和管控方法

当时规划的背景是改革开放已20多年，珠三角成为中国建设密度最高、发展潜力最大的城镇密集地区和亚太乃至全球现代制造业竞争力最强的地区之一。但也面临区域内发展差异明显、城市型与产业聚集型双模式并存、生态环境与自然资源不堪重负、基础设施结构性失衡、人居环境建设滞后等问题。胡锦涛总书记提出广东要“继续当好排头兵”的要求，时任中央政治局委员、广东省委书记张德江作出“立足广东，着眼全国，面向世界，高起点地做好珠江三角洲城镇群规划”的指示。

这次规划特别邀请国家建设部和广东省政府共同编制。由张德江书记亲任总顾问，汪光焘部长和黄华华省长任总负责人，仇保兴副部长和许德立副省长为负责人，唐凯、王静霞、劳应勋为顾问，我和李晓江、蔡瀛等为项目主持人。中规院、广东省规划院、深圳规划院等为参编单位。规格之高，队伍之精，历史之最。

经过广泛深入的调研与严谨的论证分析，本次规划主要内容为八大部分：（1）发展目标和规划，（2）空间发展战略，（3）总体空间布局规划，（4）空间支撑体系规划，（5）政策区划与空间管制，（6）城市空间协调规划，（7）重大行动计划，（8）保障措施。本次规划的创新点是提出了政策区划和空间管制——划定9类政策分区，并实施有针对性的战略性政策引导和综合治理，提出了4级空间管制的地域和方法。

这次规划特别规定是将区域绿地（含区域生态廊道）和区域性交通通道落实在空间上，并确定为一级空间管制。“省、市各级政府共同划定区域绿地“绿线”和重要交通通道“红线”，各层次规划和相关部门不得擅自更改和挪动。遵照“绿线”“红线”管治要求，由省人民政府通过立法和行政手段进行强制性监督控制，市政府实施日常管理和建设。随后，广东省人大批准了这个规划，并颁布了《广东省珠江三角洲城镇群协调发展规划实施条例》，使这个规划有了法定的保障（2004 年规划的成果 2007 年已由中国建筑工业出版社出版——《珠江三角洲城镇群协调发展规划 2004 ～ 2020》）。

在开展这次珠三角规划之前，广东省建设厅已经对广东省特别是珠三角的绿地系统进行了反复的研究，并在 2003 年颁布了广东省《区域绿地规划指引》（广东省城市规划指引 GDPG—003），《环城绿带规划指引》(广东省城市规划指引 GDPG—004)，对本省的生态保护区、海岸绿地、河川绿地、风景绿地、缓冲绿地、特殊绿地等进行了分类，并提出了管制的建议。鉴于区域绿地是包括林业、农业、海洋渔业、国土、水利、环保等多部门管理的现状，省建设厅提出区域绿地不在于建设规划部门拥有直接的管理权，而要尊重现状，在于它的存在，共同的维护和保护，即“只求所在，不求所有”。

在随后的几年里，还编制了《珠江三角洲地区改革发展规划纲要》(2008 年)，《环珠江三角洲宜居湾区建设重点行动计划》(2009 年)，《共建优质生活圈专项规划》（2009 年）等。与香港、澳门特别行政区政府合作，进行了《大珠三角城市群协调发展规划研究》(2007 年)。这些规划和研究，使得广东各界各部门更加关注珠三角的区域绿地建设和环境建设；而随着生活水平提高，人民群众对环境的要求和绿水青山的观念也与日俱增。在与港澳两地政府和专业部门的合作交流中，互相学习和促进，共建环珠三角宜居湾区成为粤港澳政府和人民的共识。

三、2009 ～ 2012 年珠三角绿道网规划与全面实施

从“生态敏感区”到“区域绿地”的提出已经有十多年了，省建设规划部门都在努力推进它的划定和保护，但是地方发展的动力强劲，发展是“第一要务”，区域绿地的保护困难重重，一些地方的区域绿地常常被蚕食。

为此，广东省住房和城乡建设厅进行了“是控制绿地还是利用绿地”的思考，实践证明，城市中的公共绿地（如公园）要侵蚀它往往比较困难，因为群众的使用率高，蚕食容易引起公愤。如果区域绿地能在利用中保护、在保护中发展是最佳的选择，因此萌发了在区域绿地的绿廊（即区域生态廊道）中修建慢行道，把市民引入绿廊，让绿廊在市民的使用中得到关注，在使用中受到保护的设想。同时广东省建设厅还研究和考察了欧美绿道规划建设的经验，特别对美国的绿道规划建设以及大伦敦、大巴黎等的环城绿环的规划建设和管控进行了剖析。

在此基础上，2009 年 8 月由广东省住房和城乡建设厅，省委政研室向省委上报了《关于借鉴国外经验率先建设珠三角绿道网的建议》。这份报告得到时任中央政治局委员、广东省委书记汪洋的高度重视，除同意珠三角绿道网建设外，他还建议拍一部说理性、可视性很强的专题片，供各市主要领导来省参加会议时放一下，然后发一份材料，省领导再提提要求，把这项工作部署下去。时任广东省长黄华华也称赞此建议很好。

广东省住房和城乡建设厅立即组织拍专题片，抓紧编制了珠三角绿道网规划纲要。2009 年 11 月汪洋书记在观看专题片和听取绿道网规划纲要汇报之后，当场确定了珠三角绿道网要“一年基本建成，两年全部到位，三年成熟完善”的工作目标，并在 2010 年 1 月中共广东省委十届六次全会上进行了专门的部署。由此，绿道网的构想正式

上升为广东省委的重大决策，成为广东省珠三角地区各市的有目标、有时限、有具体指标的硬任务。

在这三年中，省委省政府举行了珠三角绿道网建设启动仪式和全线贯通仪式，省四套班子一把手，省直和珠三角各市一把手出席。汪洋书记每到珠三角考察，必察看当地的绿道网建设情况，并在广东省住房和城乡建设厅《珠三角绿道网建设进度月报》上多次批示，敦促有关市加快建设进度。省政府批准了《珠江三角洲绿道网总体规划》，将珠三角6条省立绿道，近2000公里的绿道网分解到各市，压实任务。在2013年颁布了《广东省绿道网规划建设管理规定》。

在这三年中，我时任广东省住房和城乡建设厅厅长，在省委省政府的领导下，广东省住房和城乡建厅全体动员，把珠三角绿道网建设作为一个重大项目来推进，具体组织实施。这在省建设系统的历史上还是首次。省住房和城乡建设厅成立了由厅级领导任组长的9个督导组，分别到珠三角9市检查推动绿道网的规划建设，及时解决绿道网建设中碰到的疑惑和问题，并编发简报和进度月报。2010年末，珠三角绿道网基本建成并全线贯通，汪洋书记在2011年春节前夕，专程到省厅机关拜年，向全系统的广大职工转达新春问候。作为政治局委员，省委书记到厅机关拜年是历史上的首次，对全系统鼓舞很大。

在这三年中，省住房和城乡建设厅颁布一系列的规章和指引。主要有《珠三角区域绿道（省立）规划设计指引》（2010年），《广东省绿道标识系统方案设计》（2010年），《绿道连接线建设及绿道与道路交叉路段建设技术指引》（2010年），《广东省珠江三角洲区域绿道（省立）规划设计工作检查考核办法》（2010年），《广东省绿道控制区划定与管制工作指引》（2011年），《广东省省立绿道建设指引》（2011年），《广东省城市绿道规划设计指引》（2011年），《广东省绿道网“公共目的地”规划建设指引》（2013年）等，使整个绿道网规划建设有目标、有规范、有指引、有考核，保持高效有序。

在这三年中，珠江三角洲9市的各级领导和规划建设系统干部职工齐心协力，努力拼搏，成绩斐然。广东省规划院和珠三角各市的规划设计和工程建设的技术人员，进行了规划设计和建设的大会战，使省编制的规划和各市镇编制的绿道网规划能有效无缝衔接，落到实处，并保证较高质量地完成建设任务。

由于省委省政府的坚强领导，广东省住房和城乡建设厅的全力以赴，省直各部门的紧密配合，珠三角各市的高效实干，使得珠三角绿道网建设超过预期，第一年（2010年）年底珠三角绿道建成省立绿道2372公里，大大超出最初规划的1690公里，而到第三年年底在省立绿道的基础上，广州、深圳、佛山、东莞、珠海、中山、惠州、江门、肇庆等珠三角城市还自加任务和压力，在省的指导下确定了本市的城市（市立）绿道，使珠三角绿道网总里程达8298多公里，为广大市民绿色出行和休憩提供优美的环境，进一步夯实珠三角可持续发展的基础。

珠三角绿道网规划全面实施之后，开始向全省逐步推开，2012年广东省住房和城乡建设厅组织编制了广东省绿道网规划，并指导其他各市编制本市的绿道网规划并实施，也取得了很大的成绩。到2015年底，全省绿道网［包括省立绿道、城市（市立）绿道］累计建设超过12000公里，其中珠三角约8970公里，粤东西北地区约3160公里。坦率地说，广东省东西北地区并没有珠三角那样的人口和经济高度聚集，城市间的距离较远，目前的绿道建设主要是围绕本市建成区而建，为本市市民提供服务，要实现绿道全省（包括珠三角地区和粤东西北地区）的联网还需要长期不断地努力。然而，绿水青山的理念已经形成，绿色发展的理念已经深植，这比什么都重要（有关广东绿道的介绍可参阅《广东绿道规划与实施治理》，中国建筑工业出版社2017年出版）。

珠三角绿道网建设还在不断完善之中，广东省绿道网建设还在不断推进之中。就珠三角规划的实践而言，谈点感想：

一是珠三角绿道网建设是珠三角规划实施的漂亮战役，我国区域规划实施的一个难得的范例，但路无止境，仍任重道远。

区域性规划是宏观战略性的规划，要具体实施非常不易，往往若干年后也很难清楚地表明区域规划实施了多少。再加上我国现行的行政管理体制下，往往一把手几年一换，新领导、新思路、新规划，使得区域规划的效果更难以体现，一些城市和地区的规划甚至被称为“广告规划”或“招商规划”。

难得的是珠三角的规划受到历届广东省委省政府的高度重视，尽管每次规划编制的名称和重点有所不同，但是进一步提高区域的竞争力和促进可持续发展的目标是一致的。特别是几任中央政治局委员、省委书记亲自抓。如以上提到的三次规划，每编制一次规划，在认识理念方面都上一个新的台阶。从“生态敏感区”到“区域绿地”，再到“绿道网”，无疑是一次次认识的飞跃。这飞跃经历了近 20 年的时间。如果加上 1980 年代广东省建委开展的珠三角城镇体系规划的探索，这时间要超过 30 年。如果不是持之以恒地抓，很难想象能有珠三角绿道网 2009 ~ 2012 年全面实施的效果。时任中央政治局委员、省委书记汪洋的强力推动，是珠三角绿道网能全面有效实施的关键。

珠三角规划实施也是珠三角可持续发展的客观需要。珠江三角洲是中国改革开放的前沿，是中国经济最发达的地区之一。它的面积只有 4 万多平方公里，2017 年人口达 5900 多万人，城市化水平达 84%，GDP 达到 7.6 万亿，占全省的 80%，它的发展对广东乃至全国都有举足轻重的地位。如果无节制盲目地发展，到改革开放 40 年的今天，肯定已是面目全非，满目疮痍。可幸的是经广东各级各界和人民群众的共同努力，珠三角的环境状况总体上还是可控的，近年来不断有所改善和向好。特别是随着时间的推移，经济社会的发展水平，群众绿水青山的环境意识也不断提高，开展绿道网的建设更是“天时、地利、人和”，成为省里满意、市区镇乐意、群众高兴的大好事情。

当然，绿道网建设只是珠三角规划内容中重要的一项，而不是规划的全部。其他内容有的实施可能就没那么“辉煌”，有的可能在不断地调整，有的本身就是只是软性的建议要求，也有的可能落空，然而作为珠三角绿道网的规划和建设与区域的生态底线相关，和现在国家和广东省推行的生态控制线的划定有相通之处，是最重要的空间生态命脉之一。而广东省建设规划部门经过 20 多年的努力，调控能力不断强化，能将珠三角绿道网落实在地图上，也确是难能可贵的。

同时，也要看到珠三角绿道网的六条省立绿道的控制区（绿化缓冲区）总面积约 4410 平方公里，不足珠三角总面积的 10%，要达到全部控制珠三角区域绿地及生态控制线的要求，任重道远，需持之以恒，久久为功。

除此之外，珠三角规划的编制和实施有一支良好团队，同时也磨炼了一大批建设规划的人才。珠三角地域广，规划实施的时间长，没有一个事业心强、业务精、干劲足的团队是不可能的。幸运的是珠三角人杰地灵，从省市到镇村都有一大批有实干精神与专业素养的干部和人士，为珠三角协调可持续的发展，为珠三角规划的实施贡献力量，他们是默默无闻的英雄。

自 1995 年以来，珠三角规划都是由省级规划建设管理部门主导的（其中 2004 年的规划由国家建设部、中国城市规划设计研究院直接参与，对广东帮助很大），省建委（省住建厅）除省级的规划力量外，广泛吸收各市和高校研究机构的力量共同参与，各单位都很乐意并派出精兵强将参与，在他们看来参与省的珠三角规划是难得的学习交流机会；作为省的部门通过各市的参与，可以及时听取和吸纳各方的意见，同时也使各市理解珠三角规划的内容，更好地实施规划。

令人高兴的是，经过多次规划的编制，广东省特别是珠三角的规划部门和人员成为一个大家庭，省市关系融洽，互相支持，相互学习，互相协商。许多参加规划编制的专业人员，在往后的工作中都被放在重要的岗位，如参加 1995 年珠三角城市群规划编制组的 12 位成员，当时大多是 30 岁出头的年轻人，现在有担任广东省政府、省住房和城乡建设厅、省科学院广州地理所领导的，还有在广州、深圳、东莞规划建设部门和省市规划院等担任重要职务的。因此通过珠三角规划和实施确实有一批专业人员得到锻炼和成长，成为中坚力量。

我的区域经济研究 20 年

肖金成

作者简介

肖金成，1955 年 9 月生，河北邯郸人，经济学博士，研究员，享受国务院特殊津贴。现任中国宏观经济研究院研究员、中国社会科学院研究生院博士生导师、中国区域经济学会副会长、中国区域科学协会理事长。曾任国家发展和改革委员会国土开发与地区经济研究所所长、国家发展和改革委员会经济研究所财政金融研究室主任、国家原材料投资公司财务处处长、中国城市规划学会区域规划和城市经济委员会副主任委员。2011 年，被中国国土经济学会评为“中国十大国土经济人物”；2012 年，被中国国际城市化发展战略研究委员会评为“中国城市化贡献力人物”，被中国科学技术协会评为“全国优秀科技工作者”。

屈指算来，我从事区域经济研究已整整 20 年。1998 年 6 月，我应聘到国家发展和改革委员会国土开发与地区经济研究所任所长助理，进入了区域经济专业研究领域。在此之前，虽然在中国社会科学院研究生院攻读博士，研究方向是区域经济，师从著名的区域经济学家陈栋生教授，但毕业后在国家计委经济研究所财政金融研究室从事财经研究。此后，我便正式成为区域经济研究的专业人士，专业的人要做专业的事，我放弃了原来熟悉的研究领域——财政、金融与投资，进入到一个不太熟悉、好进难出的专业领域——国土开发与区域经济，一干就是 20 年。回想起来，付出了很多，失去了很多，但也有一些收获。借此机会，略述一二。

一、对城镇化与城市群的研究

在去国土地区所工作之前，我于 1998 年 5 月进入南开大学博士后流动站作博士后，南开大学副校长逄锦聚是我的合作导师。进站不久，逄教授要我参加他正在主持的由财政部委托的“中国财政 50 年”研究课题，我承担的专题是“中国城市化道路与乡镇企业的发展”。研究报告编入由财政部刘仲藜部长任主编的《奠基——新中国经济五十年》[①]一书。为了搞好这项研究，我系统阅读了关于城市化的大量文献，厘清了世界城市化与中国城市化的大致脉络，也使我对城市化有了比较清晰的认识。

进入国土地区所之后，接受的第一个任务就是与时任国家发改委宏观经济研究院副院长的刘福垣教授合作，完成“中国的城市化过程”课题。我在《中国城市化道路与乡镇企业的发展》研究报告的基础上起草了报告，在这项研究中我关注到一个新的形态，就是城市群。我发现一些学者介绍了国外的城市群，并在研究中国的城市群，所以，我在报告中提出了城市群是中国城镇化重要载体的观点。该报告经刘院长修改后编入国家计委曾培炎主任主编的《中国经济 50 年：1949 ~ 1999》[②]一书。

在研究城市化的过程中，我认识到城市化的基本载体是城市和城镇。那么城市化的主体是谁？我认为就是农民工。我 1995 年开始关注农民工，那时，我刚进入研究生院脱产学习，有了自己支配的时间，就想研究一些问题。我注意到城市中有一个群体叫农民工。大量农民工进入城市和城镇，从事工商业，不仅为中国工业提供廉价劳动力，

---

① 刘仲藜．奠基——新中国经济五十年 [M]. 北京：中国财政经济出版社，1999.

② 曾培炎．新中国经济 50 年：1949 ~ 1999[M]. 北京：中国计划出版社，1999.

也为城市的发展贡献自己的力量，但当时的舆论对农民工却有一些负面的评价，甚至被有人称“盲流”“流民”。利用暑假，我去北京海户屯乡调研，那里是农民工聚集的地方。乡政府的办事人员告诉我，这里有户籍的只有1万多人，而实际居住的人口已超过5万，农民工自己集资办了子弟小学，并成立了联防队。调研以后，我起草了一份2万多字的研究报告，报告题目是“农民进城的正副效应分析”，报告全文刊登在国家计委经济研究所的《经济理论与实践》内刊上。《中国市场》杂志编辑部的杨书兵主任将我的报告缩写后分两期公开发表在《中国市场》杂志1996年第2、第3期，文章的题目改为《疏导民工潮的新思路》[①]。我在文章中呼吁为农民工进城定居创造必要的条件，摒弃城乡二元户籍，建立城乡统一的劳动力市场。

1998年的东南亚货币危机对我国沿海地区的冲击很大，我国提出了扩大内需的战略对策，但效果很不理想，当年的经济增长速度下滑到8%以下。扩大内需最有效的途径是什么？我想到了城市化。我在对农民工和城市化研究的基础上，写了一篇标题为“城市化：牵动经济社会发展的牛鼻子”的文章。我在文章中提出城市化是农民转为城市居民的自然历史过程，是解决“三农”问题的钥匙，是牵动经济社会发展的“牛鼻子”。该文本想作为政策建议上报，但主管领导对我的观点持有异议，所以不同意上报，正好《河北经济》杂志记者找我约稿，于是，文章就在《河北经济》杂志[②]上发表了。

2001年，“十五”计划纲要提出不失时机地实施城镇化战略。在此之前，我发表的文章用的都是城市化概念，在此之后就改成了城镇化。尽管有些学者仍沿用城市化这一概念，但更多的人改用了城镇化，“城市化”与“城镇化”不是两个概念，而是一回事。也有一些人包括一些学者，把城镇化解释成重点发展小城镇，为此，我在不同

① 肖金成，李保平．疏导民工潮的新思路[J]．中国市场，1996（2/3）．

② 肖金成．城市化：牵动经济社会发展的牛鼻子[J]．河北经济，1998（10）．

场合，多次对这两个概念进行了辨析。

2005年，河南省发改委委托国家发改委宏观经济研究院研究编制“中原城市群规划”，刘福垣副院长任课题组长，我和周海春、王青云任副组长。我负责空间布局和城镇体系研究专题，带课题组调研了中原城市群9个城市，提出了“一核三圈，两轴两带”的空间布局设想：一核即郑州核心城市；三圈即郑州都市圈、九市核心圈和辐射圈，辐射圈的范围与后来提出的“中原经济区”基本吻合；两轴即郑汴洛发展轴和新郑徐漯发展轴；两带即新焦济经济带和洛平漯经济带。规划研究完成后，河南省人民政府组织编制并批准了《中原城市群规划》。我则组织人员对研究报告进行修改调整，出版了《中原城市群战略与规划》一书①。

2006年，“十一五”规划纲要明确提出城市群是城镇化的主体形态，我便用财政部拨付的研究资金立了一个课题，组织所内研究人员对城市群理论和中国的城市群进行研究，研究报告30多万字，我进行修改后出版了《中国十大城市群》一书②，书中的十大城市群除了长三角、珠三角、中原、山东半岛之外，其他名称均是我命名的，如京津冀、长江中游、海峡西岸、辽中南、川渝，关中等，除川渝城市群的名称没有被官方接受，其他均已在国家批准的规划中被正式使用。

党的十七大报告提出走中国特色的城镇化道路，宏观经济研究院向我所下达了“中国特色城镇化道路研究”任务，指定我为课题负责人。我组织所内研究人员起草了研究报告，但到底什么是有中国特色的城镇化道路并未概括出来，经多日苦想，我终于悟出来一段话，那就是：以农民工为主体，以城市群为主要载体，大中小城市和小城

① 刘福垣，周海春，等. 中原城市群战略与规划 [M]. 北京：经济科学出版社，2011.

② 肖金成，袁朱，等. 中国十大城市群 [M]. 北京：经济科学出版社，2009.

镇协调发展，积极稳妥地推进城镇化。后来，“农民工”这一概念转称为“农业转移人口”。我是较早提出农民工市民化观点的学者，并持久不懈地呼吁，终于使之成为中央的决策①。党的十九大报告中提出以城市群为主体构建大中小城市和小城镇协调发展的城镇格局，加快农业转移人口市民化。我读了之后，感觉十分欣慰。

2012年，海南改革研究院组织出版国家战略丛书，约我和党国英教授撰写《城镇化战略》一书②。我用了一年时间撰写，虽然用了以前的研究成果，但仍然花费了我很多的精力。也就是在这一年，我被中国城镇化战略研究会推选为“2012城镇化年度人物”。

2014年，中共中央、国务院批准并公布了《全国新型城镇化规划》，规划中对城镇化进行了规范定义，对城镇化战略和城镇化意义进行了高度概括，并提出国家负责编制跨省区市的城市群规划。随后，我所受国家发改委的委托，组织研究人员对成渝城市群规划和哈长城市群规划进行系统研究，为编制规划提供了重要决策依据。

二、对西部大开发的研究

我于1998年5月进入南开大学博士后流动站。与合作导师逄锦聚教授一见面，我就提出在博士后期间，要研究西部发展问题。因为读博士期间，没有写关于区域经济的博士论文，而写了关于国有企业改革的论文，作博士后就是要还一个账，兑现我对陈先生的承诺。逄教授是研究政治经济学的，没有想到他欣然同意。我的博士后研究题目是西部发展战略与空间布局，这本是我的博士论文题目，因为读博士期间没有认识到区域经济学的难度而中途搁浅，转而研究国有企业改革，后来的博士论文写的是“国有企业改革的难点与对策③”。

---

① 肖金成.城市化发展需要农民工市民化[OL].新浪财经，2011-05-19.

② 肖金成，党国英.城镇化战略[M].北京：学习出版社，2014.

③ 肖金成.国有资本运营论[M].北京：经济科学出版社，1999.

我决定在博士后期间完成研究计划。

1998 年第四季度，我向宏观经济研究院申报了“西部发展战略研究”选题，但一开始此选题没有被列入 1999 年重大课题，另一个选题“21 世纪中国特区开发区发展战略研究”被列入，经费 8 万元，由我任课题负责人。1999 年初，国家计委曾培炎主任提出宏观院应研究西部发展问题，所以，宏观经济研究院给我所下达了西部发展战略课题研究任务，因经费已分完，只好将“特区开发区研究”课题经费一分为二，也就是各 4 万元。为了做好研究，所里拿出了部分经费给予支持。

1999 年 4 月，“西部发展战略研究”课题组正式成立，我任课题组副组长，课题组组长由时任副所长的杜平同志担任。课题组成员进行了分工，分别收集资料，并多次召开课题讨论会和专家座谈会。杜平组长还分别在兰州和成都组织召开了西部发展座谈会。1999 年 6 月 17 日，时任中共中央总书记的江泽民同志在西安发表了关于西部大开发的重要讲话。在此之前，我对中央的决策一无所知，只是和课题组的同志紧锣密鼓地进行课题研究。我在 1998 年写的一篇文章《东中西部的发展差距与中西部的发展》[①]，谈的都是中西部，并未把西部单列出来。当时我受梯度推移论的影响，认为西部开发还是比较久远的事。西部大开发战略的提出使我有些措手不及，因我还未对西部地区进行全面地调研和深入地了解，难以提出系统的发展思路和有价值的观点。

1999 年 9 月，我组织了一个调研组去西北地区调研。先乘飞机到了西安，再乘汽车到了延安、榆林，然后到银川，陕西省发改委权永生处长一路陪同，行程 3700 公里。从银川乘火车到甘肃，又从甘肃飞到新疆。20 天走了四个省（自治区）。回来后，写了几篇调研报告。

① 肖金成．东中西部的发展差距与中西部的发展 [J]．经济纵横，1999（10）．

随后，我执笔撰写了关于西部大开发的资金筹措专题报告，提出了一系列建议和思路，如加快基础设施建设和改善投资环境以“筑巢引凤”，活化存量资金、凝聚内部资金以“筑坝蓄水”，提高资金利用效率、发展资本市场以实现“金融深化”，在西部地区设立特区、开发区以培育新的经济增长极、把区域性中心城市作为西部大开发的重点，改善基础教育，促进人口转移，等等。课题成果得到了较高的评价，被评为宏观经济研究院优秀研究成果二等奖和国家发改委的三等奖。接着，我花了几个月时间对研究报告进行修改，交给重庆出版社正式出版，书名为《西部开发论》[①]。记得2000年4月，我陪同全国政协陈锦华副主席赴陕西考察，一路上，陈主席都在与我讨论西部大开发问题。我白天陪同考察，晚上继续编辑《西部开发论》。2000年4月，我被国家计委任命为国家发展和改革委员会国土开发与地区经济研究所副所长，在这个位置上一干就是11年。《西部开发论》出版以后，我又组织专家编撰了《中外西部开发史鉴》一书[②]，为西部大开发提供了重要决策理论依据。

此后几年，我对西部地区多次调研，到了西部所有省份和主要的地级市，对西部地区的了解不断深入，发表了多篇文章，如2000年发表在《宏观经济研究》上的《西部大开发与金融深化》[③]，2001年发表在《经济管理》杂志上的《如何解决西部大开发的资金》，还参与编辑了《西部大开发：大战略、新思路》一书。对于西部大开发的研究占用了我大部分时间，我的博士后报告却未能按期完成，直到2001年9月，我才完成了出站报告“西部发展战略与空间布局”，共20万字。比较遗憾的是我的博士后报告未正式出版，因研究工作越来越紧张，没有时间整理，只好搁置至今，但其中的大部分内容都

① 杜平，肖金成，王青云等．西部开发论[M]. 重庆：重庆出版社，2000.

② 杜平．中外西部开发史鉴[M]. 长沙：湖南人民出版社，2002.

③ 肖金成．西部大开发与金融深化[J]. 宏观经济研究，2000（8）.

已经由不同的杂志或报刊发表。

2010 年，西部大开发战略已实施 10 年，我用几个月时间，写成了一篇《西部大开发：新的十年，新的思考》，对西部大开发进行了回顾，提出了继续实施西部大开发的若干建议。《中国投资》杂志记者就西部大开发问题采访了我，并发表了“访谈录”，标题为“西部大开发：寻找西部的深圳与浦东”[①]。2018 年，《改革》杂志约稿，请我写一篇关于西部大开发的回顾与展望的文章，我正好在美国进行学术交流，便花了一个多月的时间，写了一篇题为“西部大开发的评估与建议”的一万多字的文章，发表在《改革》杂志 2018 年第六期[②]。至此，我研究西部发展已整整 20 年，不知是否该划一个句号。

三、对特区、开发区与新区的研究

对特区、开发区的研究始于 1999 年。在此之前，我只知道深圳是特区，浦东是新区，天津和大连有开发区，对其功能、发展及其对所在区域的作用没有关注与思考。让我任“21 世纪特区开发区战略研究”课题负责人，不是因为我对此有研究基础，而是我有所长助理这个头衔。在中国“头衔”很重要，我是所里的“二把手”，不当课题组长就被认为不重视。当然，也可以仅“挂名”不干事，但我不是这样，我事必躬亲，收集资料，带队调研，撰写调研报告，执笔撰写总报告，无意之中就把自己搞成了这方面的“专家”。仅挂名不研究，很难成为专家。我长期在所领导岗位上，从未仅挂名不干事，倒是有时干事不挂名，如 2002 年，我所开展“资源型城市转型研究”，我不但不作课题组长，副组长也不作，仅作为课题组成员。不仅带队调研，还执笔撰写调研报告，获得了宏观经济研究院优秀调研报告二等

① 肖金成．寻找西部“深圳”与“浦东”[J]. 中国投资，2010（10）.

② 肖金成，张燕，马燕坤．西部大开发战略实施效应评估与未来走向 [J]. 改革，2018（6）.

奖。当时，特区有 5 个，国家级开发区有 32 个。调研时分为两组，一组调研特区，一组调研开发区，我带队去了比较有名的国家级开发区：天津、大连、青岛、上海漕河泾、昆山、秦皇岛等，参加了国家级开发区协会在青岛召开的年会。在江苏昆山的调研给我的印象最深。开座谈会时，只有管委会主任一个人给我们介绍情况，开始我感到很意外，后来他把昆山开发区从成立到发展的全过程娓娓道来，我感觉是在看一部历史大片。如他所言，浦东新区宣布成立后，吸引了不少台商，他逐个宾馆拜访，请他们到昆山看一看。他讲了一个故事：有一天半夜，他接到一个台商打来的电话，台商说在来昆山的高速公路上发病了，希望直接去医院。他起床后，紧急通知工作人员做好准备，他则亲自到高速路口迎接，陪同台商去医院，台商很感动，又动员多家台商到昆山投资。在对开发区调研的基础上，我执笔撰写了题为“21 世纪特区、开发区发展战略研究”的报告。研究报告摘要在《中国经济导报》发表，占了整整一个版面[①]。

在研究报告里，我们提出了多个战略思路，如体制创新战略、三个并重战略[②]、滚动开发战略、新城区战略等。但从区域发展的角度来看，其对区域发展影响最大的是增长极战略。特区也好，开发区也好，新区也好，都是所在区域的新的经济“增长极”。“增长极”这一概念是法国学者佩鲁提出的，他认为一些具有创新能力的产业常常聚集在空间的一些“点”上，这些点发展很快，成为所在区域的经济增长极，随着“点”的发展，区域被带动起来。我认为，通过加大投入，改善投资环境，吸引产业聚集，不仅“点”的发展加快，“面”也能够较快地发展起来。我们发现，深圳的发展带动了珠三角，浦东的发展带动了长三角。一些国家级开发区，如天津、大连、青岛等，对当地经

① 肖金成 . 制度创新：开发区的新战略 [N]. 中国经济导报，1999-07-23.

② “三个并重”战略就是在开发区“以工业为主、以外资为主、以外销为主”三个为主调整为“二三产业并重、内外资并重、内外销并重”。

济的带动作用非常明显。“开发区热”从一个侧面说明各地领导认识到开发区对区域经济发展的促进作用，只是在实际工作中出了偏差，搞得数量太多，面积太大。

2004年，天津滨海新区管委会委托我所研究发展战略。我所组成了一个庞大的课题组，我任课题组长，我所城镇研究室主任史育龙、副主任李忠任副组长，成员中有中国社科院的李青研究员、天津发改委经济研究所所长刘东涛研究员、南开大学经济学院院长周立群教授等专家。历时半年，课题组完成了一个总报告，八个专题报告，包括基础条件、功能定位、发展方向、空间布局、产业发展、体制创新、基础设施、生态保护等。提出了把天津滨海新区培育成中国北方地区的经济增长极的思路，为天津滨海新区纳入国家战略作了理论准备，为国家提供了重要的决策依据。随后，编著出版了《第三增长极的崛起》一书[①]。2005年，我还参与起草了国务院批复的《关于促进天津滨海新区发展的指导意见》。

四、对空间规划、区域规划、优化国土空间开发格局的研究

2003年，我主持了国家发改委“十一五”规划前期研究课题“协调空间开发秩序与空间结构调整研究”，提出了“两纵两横”的空间布局设想，即在沿海经济带和长江经济带基础上增加“京广京哈”经济带和“陇海兰新”经济带，将“T”字形扩展为“开”字形。提出了在“十一五”期间编制全国性空间规划和区域性空间规划的建议，为“十一五”规划的区域发展部分提供了重要依据，总报告编入国家发改委马凯主任主编的《“十一五”规划战略研究》一书[②]。在“协

① 肖金成，史育龙，李忠，等．第三增长极的崛起[M]．北京：经济科学出版社，2006.

② 马凯．“十一五”规划战略研究[M]．北京：北京科学技术出版社，2005.

调空间开发秩序和空间结构调整”课题研究中，提出了两个均等化：区域之间公共支出均等化和公共福利均等化，指出西部大开发应把人的发展放到第一位，把提高西部地区公共服务水平放在第一位，把重点放在提高人的素质、提高人的收入水平和生活水平上来。继而，提出了“两个转移”：农村人口向城市转移，欠发达地区的人口向发达地区转移，不仅在增加“分子”上做文章，也要在减少“分母”上做文章，这一观点已被越来越多的人所认同。

全国性空间规划后来演变为“全国主体功能区规划”，我认为主体功能区概念的提出是一个创新，可上升为国家战略，在编制各级空间规划时，划分建设区、农业区、生态区三大功能区。而专门编制一个主体功能区规划，很难落地，也很难将规划付诸实施。后来的实践证明，尽管《全国主体功能区规划》于“十一五”规划期末由国务院批准，各省主体功能区规划也陆续推出，但未达到预期效果。我很早就提出构建空间规划体系，在市县两级编制“多规合一”的空间规划，建议制定并在人大通过《空间规划法》[①]。2015年，中共中央全会通过的《“十三五”规划纲要建议》明确：以主体功能区规划为基础统筹各类空间性规划，推进“多规合一”。以市县级行政区为单元，建立由空间规划、用途管制、领导干部自然资源资产离任审计、差异化绩效考核等构成的空间治理体系。

我始终认为空间规划是各级政府对所处地理空间作出的制度性安排，目的是正确处理人与自然的关系、人与产业的关系、人与城市的关系。本质上是处理短期与长期的关系、局部与全局的关系、人类个体与整体的关系，避免人们的短期行为对自然造成破坏。我认为人类个体的理性极可能造成整体的非理性，如人们为了生存去砍树开荒，去挖煤炼铁，通过化工手段制造生活用品，都是人们理性的选择，

① 肖金成．十二五期间编制空间规划的基本思路 [J]. 发展研究，2009（9）.

不能让人们饿着肚子去保护生态。如人们都向往大城市，因为城市让人们的生活更美好，但如果都进入一个大城市，这个城市就会难以承受。在这个时候，空间规划就成为政府管理的一个手段。我非常赞同著名学者梁鹤年的观点，他说，规划是一种信仰，因为大家都认为有规划比没有规划好。但编制规划是有难度的，编制科学的、合理的规划难度更大，不仅要有科学的理念，还要对客观实际有比较清晰的认识，因此编制空间规划比编制别的规划难度更大。过去的规划都是想方设法利用空间，对大自然近乎无限地索取，而空间规划的主旨是尽可能保护自然，是长期性、全局性、整体性规划，而很多人往往急功近利，无论是地方政府，还是规划编制者，都很难下大功夫。因此，编制空间规划应确定有限目标，而不能确定终极目标。应构建自上而下的空间规划体系，并把规划重点放在市县两级。规划内容要简而不繁，重点是确定三大空间，即建设空间、农业空间、生态空间；划定三条红线，即城乡建设红线、农田保护红线、生态保护红线。其他内容如城市建设、村镇建设、产业发展应由其他专项规划来完成。现在推行的多规合一，目的是解决规划之间的冲突问题，但不能简单归并，变成无所不包的规划，不仅编制难度大，而且很难科学化、合理化。我的这些观点均在不同场合不断地、不厌其烦地讲过多次，也就此写过文章[①]。

我所是编制区域规划的主要参与者，但我亲自参与编制的区域规划并不是很多，印象中亲自参与了海峡西岸经济区规划的研究和晋陕豫黄河金三角合作规划的编制。我于2008年组织全所研究区域规划的编制，形成了一批研究报告，并发表了一些文章。后来，由国家发改委组织编制国务院批准的区域规划从性质上说属于发展规划，主要目的是促进重点区域或问题区域的发展。我关注的是作为全国国

---

① 肖金成．中国空间规划编制：基本情况与设想 [J]. 今日国土，2009（12）．

土空间规划组成部分的跨省域的空间规划，因为国土资源部组织编制并于2017年经国务院批准的《全国国土规划纲要》[①]，是一个指导规划编制的文件。跨省域的区域空间规划组合在一起，才是全国国土空间规划。当然，也可以在纲要指导下，由各省组织编制省域空间规划，但规划编制主体已经不是国家。我发现，各省编制的主体功能区规划和国土规划，一定不会跨界也不能跨界，因此，如何衔接就是一个大问题。

2011年，我主持了国家发改委确定的重大研究课题“优化国土空间开发格局研究”。确定2011年年度课题时，时任国家发改委副主任、中央财经领导小组办公室主任、国家发改委宏观经济研究院院长的朱自鑫同志提出，国家发改委的研究机构要观大势、谋大局、出大策，应为中国共产党第十八届代表大会作好前期研究。一开始确定的题目是“构建国土空间开发新格局研究”，我深感责任重大，精心组织这次课题的研究。研究一段时间后，突然感到，研究题目存在问题。我想空间格局是自有人类以来为了生存与发展利用自然、改造自然的结果，是几千年来不断累积形成的，岂能够重新构建。长期以来，我们喜欢除旧布新，推倒重来，但相对于历史的积淀都收效甚微，我们所能做的就是在尽可能的条件下使其不断优化，不使其恶化，就这一点也很难做到。我想从我们这一代开始，树立尊重自然、顺应自然、保护自然的理念，在此前提下，逐步改变人们的生存状态，改善人们的生活，并尽可能减少人类活动对自然的破坏。基于这一理念，我打报告提出将研究题目改为“优化国土空间开发格局研究”，报告得到了批准。我们在研究报告中提出了优化国土空间开发格局的基本思路：集中发展，多极化协同集聚；集约发展，高效利用国土空间；

① 我所参与了国土规划纲要的研究。2014年，我所受国土资源部规划司的委托和国家开发银行的资助，研究中国土空间开发战略研究，该项成果获得国土资源部优秀研究成果二等奖。

人口与GDP相匹配，产业集中与人口集中相同步；因地制宜，不同区域采用不同的开发模式；点、线、面耦合，构建“城市群－发展轴－经济区”国土空间开发体系。我们还提出了优化国土空间开发格局的整体设想：打造承东启西、连南贯北的经济带；发展城市群，加快经济一体化和加强辐射力；在中西部和边疆地区有选择地培育经济增长极；以城市群为核心构建跨省市的经济区；支持城市群之外区域性中心城市的发展；强化粮食、能源和生态安全保障，刚性控制农田保护区、资源储备区、生态保护区。有些观点是区域经济学者长期坚持的，有些观点是我们最新提出的。在课题验收时，得到发改委专家们的认同，获得了宏观经济研究院优秀研究成果一等奖和国家发改委优秀研究成果二等奖。“优化国土空间开发格局”写入党的十八大报告，也得到了李克强总理的批示，我们的研究成果也由中国计划出版社公开出版。①

我们在报告里提出打造“四纵四横”经济带：四纵是沿海经济带、京广京哈经济带、包昆经济带、沿边经济带；四横是珠江西江经济带、长江经济带、陇海兰新经济带、渤蒙新经济带。除了沿边经济带，我们对其他经济带都信心满满，而沿边经济带最不像经济带，边境地区普遍经济落后，城市数量少、城市规模小，有的城市离边境线几百公里。但我认为，边疆地区战略地位非常重要，必须重视边疆地区的发展，强边必须安边，安边必须富边，而富边必须发展产业，二三产业应集聚在城市，城市发展了，沿边经济带就形成了。随后几年，我每年都组织调研组赴边疆调研，2012年去广西，2013年去云南，2014年去新疆，2015年去内蒙，2018年去了东北三省。2014年，接受新疆维吾尔自治区政府的委托和国家开发银行的资助，我所与国际经济交流中心合作研究新疆沿边经济带发展战略。我设计了研究方案与课

① 肖金成，欧阳慧，等．优化国土空间开发格局研究[M]．北京：中国计划出版社，2015.

题研究的基本框架，并主持了新疆沿边经济带空间布局研究专题，参与了总报告的撰写，提出了支持沿边区域性中心城市的发展、培育新的区域经济增长极等思路。研究报告受到时任中共中央政治局委员、新疆维吾尔自治区党委书记张春贤的重视，多次听取课题组的汇报，全国政协主席俞正声同志做了重要批示。研究成果也被国家发改委评为优秀科研成果一等奖。

五、对京津冀合作、长江经济带建设的研究

谈到京津冀合作，不能不谈到廊坊会议。2004 年 2 月 12 日国家发改委地区司在廊坊召开会议。参加会议的有北京、天津、河北发改委的领导，还有河北各市发改委的同志，我受邀列席了会议。会议由地区经济司郭培章司长主持，当天中午，我向郭司长提议，搞一个纪要或宣言，会后向媒体公布一下，郭司长当即同意，由地区司的多位同志和我所区域研究室主任汪阳红副研究员负责起草。第二天上午开会讨论，有人认为叫“廊坊宣言”有点高了，不知谁说的，1992 年“汪辜会谈”达成“九二共识”，不如就叫“廊坊共识”吧，大家表示同意。《廊坊共识》[①]在媒体上公布之后，引起了很大反响。就是这一次会，京津冀合作才进入了我的视野。2005 年，我主持的“天津滨海新区发展战略研究”课题评审会在北京举行。会后，天津滨海新区管委会主任王二林同志向我提出继续合作，我说如果继续合作就研究京津冀合作，王主任当即同意出资 50 万元，资助我们进行研究。我所随即成立了课题组，我任组长，区域经济研究室主任汪阳红任副组长，并联合天津发改委研究所、河北发改委研究所共同研究。我带着课题组成员调研了北京、天津及河北 11 个地级市，对河北进行了全方位扫描，写出了几十万字的研究报告。我起草了总报告并审阅修改了各个

---

① 廊坊共识 [J]. 天津经济，2004（4）.

专题报告。2010年，在天津滨海新区的资助下，将研究报告正式出版，书名为《京津冀区域合作论》[①]。

2006年，我参加了国家发改委在唐山召开的京津冀都市圈规划启动大会，会议由国家发改委副主任刘江同志主持。当天晚上我参加了刘江副主任主持的曹妃甸发展座谈会，参会的有河北省郭耿茂副省长、唐山市的领导、国家发改委的几位司长。我在会上发言，谈了曹妃甸发展的思路，我认为，曹妃甸的优势在港而不在岛，应依托唐海县城聚集产业，刘江副主任当即表示赞同。

2012年，我主持了国家发改委地区司委托的京津冀合作重大问题研究，提出了促进形成开放合作的空间结构、促进京津冀地区产业分工与合作、促进交通基础设施一体化、联合防治环境污染、引导产业合理布局的思路，提出了双核引领、四轴集聚、多点支撑的空间布局设想，为制定《京津冀协同发展规划纲要》提供了参考[②]。

2014年2月，习近平总书记提出京津冀协同发展战略之后，我就京津冀协同发展、京津冀城市群建设、北京市"大城市病"治理、非首都功能疏解、在河北设立国家级新区，培育经济增长极等作过几十场学术报告，也发表了一些文章[③]。

我读博士时，就了解了"长江经济带"这一概念。1980年代，区域经济学者提出了"T"字形空间布局的设想，T字母的"一横"是沿海经济带，"一竖"就是长江经济带。长江是一条黄金水道，作为一条东西交通大动脉，长期以来凸显的是交通功能，能否发展成为一条聚集更多产业和人口的经济带，实现上中下游经济社会一体化发展，在国家经济社会发展中发挥更大的作用，是区域经济学者长期关

---

① 肖金成，等. 京津冀区域合作论 [M]. 北京：经济科学出版社，2010.

② 肖金成，李忠，等. 京津冀区域发展与合作 [J]. 经济研究参考，2015(49).

③ 肖金成，马燕坤. 京津冀空间布局优化与河北的着力点 [J]. 全球化，2015(12).

注并不断呼吁的问题。我研究长江经济带开始于 1999 年。当时，华东师大召开长江经济带论坛，我作为国土地区所的代表参加会议并发言，发言题目就是“长江经济带引领西部大开发”。2011 年，由华润水电公司资助，我组织了一个课题组，研究长江上游地区的区域发展与合作，实地调研了重庆、泸州、宜宾、内江、自贡、乐山、毕节、六盘水、遵义共 9 个地级以上城市，撰写了 20 多万字的研究报告①。研究长江上游地区的目的是引起国家的重视，促进川渝滇黔交界地区的发展与合作。

2013 年，李克强总理提出依托长江黄金水道，打造中国经济升级版的支撑带。随即国家发改委组织研究人员对长江经济带进行了系统深入的研究。宏观经济研究院组成了以常务副院长王一鸣研究员任组长，各所所长及研究骨干参加的课题组，划分综合交通、产业发展、城镇化与空间布局、对外开放、生态环境保护、体制机制创新 6 个专题，并分别成立了 6 个研究小组，分专题进行研究。我负责长江经济带城镇化与空间布局专题，组织研究人员对长江沿线省市进行系统研究，按时提交了研究报告。

长江经济带原定的区域范围是“7+2”，即江苏、安徽、江西、湖南、湖北、四川、云南七省加上上海、重庆两市，不包括浙江和贵州。研究过程中，我发现将范围限定在 9 省市，人为割裂了长三角城市群，因为长江经济带最发达的地区是长三角城市群，而浙江北部的城市是长三角城市群的重要组成部分；贵州是长江上游最重要的生态屏障，而长江经济带建设应把生态环境保护放到最重要的位置。所以，我在徐宪平副主任主持的课题协调会上建议将浙江和贵州两省纳入规划范围，将长江经济带的范围从“7+2”扩大到“9+2”。在空间范围的划分方面，安徽被划在长江中游，我提出，从地理上看，江西鄱阳

① 肖金成，等. 长江上游经济区一体化发展 [M]. 北京：经济科学出版社，2015.

湖湖口以下属于长江下游，从经济联系上看，安徽的经济联系主要是长江三角洲地区，建议把安徽划到长江下游更为合适，这两个建议均被采纳。我们在报告里提出“一轴两带、三群多点”：一轴即长江沿岸发展轴，两带即沪昆经济带、沪蓉经济带；三群即长三角城市群、长江中游城市群、成渝城市群，多点即城市群之外的区域性中心城市[①]。

2016 年 1 月 5 日，习近平总书记在重庆召开会议并发表了重要讲话，他在讲话中指出：“长江拥有独特的生态系统，是我国重要的生态宝库。当前和今后相当长一个时期，要把修复长江生态环境摆在压倒性位置，共抓大保护，不搞大开发”，并提出了“生态优先，绿色发展”的战略思路。2016 年，我参加了在武汉召开的长江经济带论坛，我在大会上发言的题目是——“长江经济带：如何实现生态优先，绿色发展”[②]。我的观点是：长江经济带应在坚持生态优先的前提下，加快推进绿色发展，努力建成中国高质量发展的样板，成为构建现代区域经济体系的新引擎。

我本是搞业务的，在财政部工作过，在建设银行工作过，在投资公司工作过，却机缘巧合地进入学术圈，作了一名学者，研究了一些东西，提出了一些观点，获得了一些荣誉和肯定，获得过国家发展和改革委员会优秀研究成果的一等奖、二等奖、三等奖，2012 年还获得了中国科学技术协会全国优秀科技工作者光荣称号。影响也好，荣誉也好，都如过眼云烟，唯一值得欣慰的是我为中国的区域经济发展付出过，奋斗过，忧虑过，兴奋过，我提出的思路与观点被越来越多的人所赞同，有些已被国家决策所采纳。

---

① 肖金成，黄征学．长江经济带城镇化战略思路研究 [J]. 江淮论坛，2015（1）.

② 肖金成．开创长江经济带绿色发展新时代 [J]. 瞭望，2018（18）.

规划师的职业理想和国家重大区域战略
——改革开放40年来的从业体会与思考

李晓江

作者简介

1955年出生于上海，1984年获同济大学城市规划专业工学硕士学位。中国城市规划设计研究院原院长，现任该院学术顾问，京津冀协调发展专家咨询委员会专家，教授级高级城市规划师，享受国务院政府特殊津贴专家。曾任中国城市规划学会副理事长，中国城市规划协会、轨道交通协会、公共交通协会副会长，中国环境与发展国际合作委员会中方委员，住房和城乡建设部地铁与轻轨中心主任，北京、上海、武汉等城市人民政府专家顾问。主持完成多项规划领域技术创新重大标志性项目，如珠海城市总体规划、广州发展战略、北京城市总体规划、珠三角城镇群协调发展规划、北川灾后重建规划等。

一、回忆进入中规院之初的日子

我是1984年同济大学研究生毕业，分配到中规院工作的。当时罗成章是院人事处长，他打算将我分配到经济所，并征求我的意见。我当即就表示，我的硕士研究方向是规划史，虽然也自学过一些经济学的书籍，但零碎且不成系统，去经济所工作还是有困难的。罗成章表态说，你先去经济所工作，如果确实不适应的话，院内的所际调动还是很容易的。因此，我也就服从组织安排，愉快地去了经济所工作。经济所是个老所，在中规院恢复建院之初就设立了。我去所里工作时，当时所里主要承担两项工作：一项是张启成[①]带队做京津唐国土规划中的城镇体系研究，另一项是三峡移民搬迁的费用论证工作。京津唐国土规划对我来讲，是个很新鲜的工作，但并没有机会深入参与。三峡移民搬迁费用论证工作是我入院工作后完成的第一项任务。当时，移民搬迁到底需要多少费用，水利部和财政部争执不下，难以达成共识。最后两部门达成协议，由中立的第三方建设部来承担论证工作。我在长达六米的巨幅图面上，画了移民搬迁、城镇重建的布局规划图，而且测算出的搬迁和重建费用，要远远高于水利部上报的金额。经过反复论证，两部门认可了中规院的研究成果。现在回想起来，这项工作还是很有意义的。

1985 年的春天，我还参与了一段时间的唐山总规。这是 1976 年唐山大地震后，唐山市开展的第二版总体规划。在 1986 年初，我就被院里公派去英国学习（当时一同参加学习的有 10 个人），我也就告别了唐山总规组的工作。同年回国后，正好赶上了建设部组织的城镇化研究。这是我国第一轮有组织的城镇化研究。研究是由张启成负责的，当时启动研究的初衷，就是建设部感觉城镇化这个问题太重要了，虽然部里并没有区域规划的职能，也没有城镇化的职能。我在这个课题组中，主要参与第三产业的研究工作，但工作没有完成就被派到深圳工作去了。后来这个研究还出版了一本灰色封皮的书，是我印象中国家最早关于城镇化研究的书籍。在我后来的职业生涯里，曾多次负责灾后重建工作和城镇化的研究。进院之初浅尝辄止参与唐山总规和城镇化研究，就像一只无形的手，牵引着我在这两个方面不断前

① 时任中国城市规划设计研究院经济所副所长。后任中国城市规划设计研究院党委书记，原国家环境保护局党组副书记、常务副局长，原城乡建设环境保护部政策法规局局长，原建设部体改法规司司长等职，2017 年 3 月逝世。生前曾任中国城市规划学会第一届、第二届常务理事，第三届理事会荣誉理事。

行。现在回想起来，真是让人感叹命运的神奇。

二、主持珠三角城镇群协调发展规划

2003 年启动的第二轮珠江三角洲城镇群协调发展规划，是我主持的第一个区域规划。在这之前的 1995 年，广东省发改委组织编制过珠三角城镇群发展规划，是由时任省发改委主任的林树森主持推动的。由省里独立编制发达地区的城镇群规划，广东应该是国内第一个“吃螃蟹”的省份。2003 年启动的第二轮规划编制，并不是国务院布置的工作，而是经时任建设部部长的汪光焘和时任广东省省委书记的张德江商定，以部省合作的方式推动的。在这个规划的工作过程中，双方的合作是很愉快的，一方面，广东省委省政府确实需要这个规划，另一方面，建设部帮助组织和协调了很好的技术力量。工作的前半场启动的是研究工作，由王静霞[①]、杨保军[②]负责，我负责其中的交通和基础设施专题，最后的总报告是由杨保军负责统筹和撰写。后半场启动的是规划编制工作，院里是由我负责的。规划在 2005 年编制完成后，广东省人大还颁布了《广东省珠江三角洲城镇群协调发展规划实施条例》，使这个规划的实施有了法律的保障。此外，广东省还成立了珠三角协调发展领导小组，办公室就设在省建设厅。可以说，珠三角城镇群协调发展规划，完美地实现了“一本规划、一部法律、一个机构”的初衷。

但从实施效果来看，并不理想。规划编制完成不久就遇到 2008 年的金融危机，稳定和发展任务重固然是原因，但区域规划实施难是个普遍性难题。而且，珠三角城镇群协调发展规划，名字上虽然加上了“协调”两字，从总体理念上仍然是个发展型的规划。当然，我们

① 时任中国城市规划设计研究院院长，现为该院学术顾问，国务院参事。

② 时任中国城市规划设计研究院总规划师，现任住房和城乡建设部总经济师。

在整个编制过程中，还是进行了许多有价值的探索，现在回想起来仍心怀激动：

一是部省主要领导对珠三角城镇群协调发展的深刻认识。汪光焘部长当时也提出，规划的编制要以资源环境为前提，而不仅仅是底线。如何实现将生态环境从底线变成前提？项目组在经过深思熟虑后提出了四项标准，包括建成区不要过度连绵，良好的水环境与大气环境质量等。张德江书记当时指出，珠三角已达到1万亿元的GDP和4000万的人口，但这并不是珠三角的核心价值。珠三角真正的价值体现在两个方面：一是继续为中国的改革开放探路，二是为区域实现协调发展探路。这种协调是多方面的，既包括城市与城市间的协调，也包括城市与区域的协调，还包括人和自然资源环境之间的协调。

二是对珠三角战略资源和空间结构的独特认识。在规划中，我们提出了“一脊三带五轴”①的区域空间结构，这个结构串接了区域最高端的地区和功能，希望通过“组合拳”来优化资源配置、实现区域共同发展的愿景。受限于当时的体制机制，我们虽然也研究了香港和澳门，但回避了对接香港和澳门这些比较敏感的话题。

三是通过划定九类地区和四类政策，来体现珠三角协调发展规划应当关注的重点内容。我始终认为，区域规划应该关注相对落后和欠发达地区、跨界协调地区和重点保护地区，不需要特别关注发展比较好的地区。因为发展比较好的地区，始终不会缺乏市场和地方政府的“关爱”。基于上述认识，我们设置了区域绿地、经济振兴扶持地区、城镇发展提升地区、一般性政策地区、区域性基础产业与重型装备制

① “一脊”指联通广州、深圳、珠海中心区，衔接香港、澳门并沿京广大动脉向北延伸。“三带”是增强区域对外辐射的三大功能拓展带，分别为北部城市功能拓展带、南部滨海功能拓展带和中部产业功能拓展带。“五轴”指整合地区功能的五大“城镇－产业”轴，分别指莞深高速公路沿线、广深铁路沿线、惠澳大道沿线、105国道沿线，以及江肇、江珠高速公路沿线的“城镇－产业”轴。

造业集聚地区、区域性重大交通枢纽地区、区域性重大交通通道地区、城际规划建设协调地区、粤港澳跨界合作发展地区等九类关注的重点区域。针对这些地区，提出了监督型管制、调控型管制、协调型管制和指引型管制等四类空间管制政策，希望体现出差异化的制度设计。

四是规划为党委政府的重大决策发挥了一定的作用。当时正处于重化工业发展的狂飙突进期，广州对上马大石化项目心情急迫。我们对几个选址进行论证和研究后认为，大石化项目落户惠州和珠海比广州更合适，广州南沙是几个选址方案中最差的。最后上级政府否决了南沙方案，并且要求南沙只能引入物流港口和装备制造业项目。我个人觉得，这为广州未来的功能升级，预留了非常宝贵的战略空间和资源。

珠三角城镇群协调发展规划完成编制已经过去了10多年了，但一些场景仍然历历在目，终生难忘。规划编制期间，正值“非典”[①]在祖国大地肆虐，北京和广东是两个重灾区。当时，广东是我们唯一能够出差的地方，大家是难兄难弟，彼此不会有“讨嫌”之感，这也使得规划编制工作没有受到“非典”的影响。当时我们去深圳黄岗口岸接香港大学的王缉宪[②]时，从香港进入口岸的人几乎全戴口罩、神色惊慌。王缉宪看到我们前来接他，非常感动。因为在香港，“非典”在淘大花园爆发的事件[③]，已经使大家犹如惊弓之鸟，都不敢面

① 也称SARS，是指严重急性呼吸综合征。该病2002年在中国广东顺德首发，并扩散至东南亚乃至全球，直至2003年中期疫情才被逐渐消灭的一次全球性传染病疫潮。

② 香港大学地理系副教授，当时作为港口专家参加珠三角城镇群协调发展规划的编制和研究工作。

③ 2003年3月下旬，SARS（简称“非典”）在香港淘大花园爆发。截至2003年4月15日，淘大花园共有321宗SARS个案。感染个案明显集中在E座，占累积总数的41%。面对SARS的迅速扩散，港府采取史无前例的紧急行动，宣布把淘大花园E座隔离10天。所有E座淘大居民，除了事前暂住亲友家中的外，一律强制迁进鲤鱼门度假村和麦理浩夫人度假村隔离。

对面交谈了。张德江同志在我们珠三角规划某次汇报会上曾谈到，胡锦涛总书记 2003 年 4 月在广东考察工作时，首次提出要“坚持全面的发展观”，“非典”事件是个重要的导火线。在此之后，中央对“全面的发展观”逐步系统和完善，并为最终形成“科学发展观”奠定了非常重要的基础。通过“非典”这个事件，使我对恩格斯的名言“灾难使人类进步”有了切身体会。

团队的精诚合作是规划编制取得成效的前提。珠三角城镇群协调发展规划能有些创新性的认识和开创性的工作，得益于中规院长年扎根珠三角地区、服务地方政府形成的丰富积累。另外，与广东省建设厅的大力支持和配合也是分不开的。当时我负责撰写说明书，另一位负责人蔡瀛① 负责撰写文本。我曾与他调侃说：“我写说明书可以天马行空般地恣意挥洒，但你写文本就得字斟句酌、咬文嚼字，比我痛苦多了。”好在大家都顺利完成了交办的任务。

三、城镇群规划风起云涌的岁月

2004 ~ 2010 年，是建设部组织开展城镇群规划的高潮。继珠三角城镇群协调发展规划之后，建设部相继采取部省合作方式，推动了一系列的城镇群规划。长江三角洲城镇群规划，是建设部 2005 年会同江苏、浙江、安徽和上海“三省一市”共同组织编制，张兵② 具体负责技术。我觉得这个规划有个非常具有前瞻性的做法，就是把安徽省纳入了规划范围。在此之前，国家发改委和当地约定俗成认可的长三角城镇群范围，主要是指上海、浙北和苏南的“1+15”个城市③ 。

① 时任广东省建设厅规划处处长，现任广东省住房和城乡建设厅副厅长。

② 时任中国城市规划设计研究院名城所所长，后历任中国城市规划设计研究院总规划师、住房和城乡建设部城乡规划司副司长，现任自然资源部空间规划局局长。

③ “1+15”指的是上海市，江苏省的南京、苏州、无锡、常州、镇江、南通、扬州、泰州市，浙江省的杭州、宁波、湖州、嘉兴、绍兴、舟山和台州市。

这 16 个城市，更多的是立足自下而上地进行协调。但我们在初步统计中发现，安徽省 70% 以上的外出务工人员是去江浙沪地区，其投资也主要来自江浙沪地区，安徽与传统意义上的长三角地区，有着非常强的经济和社会联系。将安徽纳入长江三角洲城镇群规划范围，是有利于区域协调发展的，也符合当地的实际情况。事实表明，我们的判断还是准确的。虽然这个规划最终因为各种原因未获批复，但规划拉近了安徽与传统长三角地区的心理距离，强化了三省一市的联系。在 2016 年国家发改委与住房和城乡建设部联合编制并颁布的《长江三角洲城市群发展规划（2006 ~ 2020）》中，规划范围就包括了安徽省的部分地区。我觉得国家能够把安徽纳入长三角城市群范围，与上一轮我们院的贡献是分不开的。

成渝城镇群协调发展规划也是部省合作的产物。2007 年 4 月，四川省政府和重庆市政府共同签署了《推进川渝合作共建成渝经济区》的协议，并至函建设部，商请共同组织开展成渝城镇群协调发展规划事宜。经汪光焘部长与时任重庆市委书记的汪洋同志、四川省委书记的杜青林同志商定，正式启动了规划编制工作。这个规划是由中规院闵希莹[①] 负责的，而且基本上完成了规划编制任务，在四川和重庆的反响也不错。比较惋惜的是这个规划最后没有得到批复。我个人觉得主要原因是有些领导对这个工作不太熟悉，再加上 2008 年“5·12 汶川特大地震”发生，四川全省的工作重心都转向了灾后重建，这个工作就搁置了。后来 2016 年国家发改委与住房和城乡建设部联合编制成渝城市群发展规划的时候，我院西部分院的同志继续受邀参加了这项工作，而且这个规划也顺利获批，这样前期的大量积累算是有了“出口”，也不枉当年项目组同志付出的努力。

编制福建海峡西岸城镇群规划，是汪光焘部长与时任福建省委书

---

① 时任中国城市规划设计研究院规划所主任工程师，现任国家发改委城市中心规划院院长。

记的卢展工同志在2006年商定的。因为2005年建设部启动编制全国城镇体系规划时，已经对福建海峡西岸有了初步的认识和研究。在2005年的时候，台湾海峡两岸的GDP总量比珠三角和长三角还要大，在全国城镇总体格局中有着非常重要的地位。而且福建海峡西岸与台湾具有“地缘相近、血缘相亲、文缘相承、商缘相连、法缘相循”的天然联系，完全有能力也有责任，在国家统一大业和经济发展中发挥更大的战略作用。这个规划最后比较顺利地完成了原定任务。现在回想起来，当年的规划有两个亮点：一是在做海西规划和研究的时候，将浙南和粤东也一并纳入研究范围；二是有了通过区域发展战略来解决国家统一大业的初步思考。

如果没有记错的话，我认为汪光焘部长在任上做的最后一件大事，是启动和完成了京津冀城镇群协调发展规划[①]。这个规划是2006年由建设部、北京市、天津市和河北省联合编制并在2008年由部省联合印发实施。从京津冀城镇群协调发展规划实施效果来看，并不理想，但给了我们院在该地区深入研究区域、认识区域和探索区域规划编制的机会，而且也或多或少地影响了地方政府的发展理念。在这次规划编制过程中，我们比较全面系统地分析了京津冀的人口、产业、交通、海岸线利用。对现状问题和发展诉求的深入掌握，才使我们有能力与地方政府进行深入地沟通和协商。当然在这之后的2014年底，在京津冀协同发展领导小组第4次会议上，确定由住房和城乡建设部牵头组织编制《京津冀城镇体系规划》(后改名为《京津冀城乡规划》)。这个规划依然采取了部省合作的方式，由住房和城乡建设部会同两市一省共同编制，技术负责人是王凯[②]。这个规划最后顺利获得中央批复。

此外，中规院在这段时间，受地方政府委托，还编制了广西北部

① 技术负责人是朱波。时任中国城市规划设计研究院区域所所长，现任该院副总规划师兼中规院北京公司副总经理。

② 时任中国城市规划设计研究院副院长，现任院长。

湾城镇群规划、辽宁沿海“五点一线”保护和发展规划。这两个规划建设部没有参与，主要是地方政府在推动。

通过简要回顾这段历史，我越发觉得那段时期的部、省领导是非常了不起的。汪光焘、仇保兴同志[①]虽然只是部门领导，而且住房和城乡建设部也没有区域协调发展的职能，但他们都是站在国家战略的高度，自发形成了从城市到区域，从发展到保护这些意识。特别是汪光焘同志，他是有国家战略思维和战略眼光的领导，对我以后从事的中国工程院城镇化的课题研究、全国城镇体系规划的编制，有很大的启发。地方领导同样如此。在住房和城乡建设部及汪光焘同志的动议下，川渝闽粤等地方党委政府无一例外地都积极进行了响应，充分反映出这些领导对区域发展和转型的关切，也倒逼着我们规划界不断面对现实、解决问题和创新观念。

四、我从事城镇化研究的感悟与体会

2011 ~ 2013 年，我参加了由徐匡迪院士牵头的中国工程院重大课题“中国特色新型城镇化发展战略研究”。项目共设有 6 个课题，我是课题二“城镇化发展空间规划与合理布局研究”的两位副组长之一（组长是中国工程院邹德慈院士，我院原院长、学术顾问；另一位副组长是吴志强，同济大学副校长）。在这次研究中，我们按照国家发展战略的需要和区域协调发展的要求，提出构建“5611”的城镇化重点地区空间结构。“5”是指优化提升珠三角、长三角、京津冀、成渝、长江中游 5 大核心城镇群，“6”是指积极发展海峡西岸、海南（南海）、天山北坡、哈长、滇中、藏中南等 6 个战略支点地区，“11”是指培育 11 个城镇化重点地区[②]。在“5611”结构中，我认为“5”

---

① 时任住房城乡建设部副部长，现任中国城市科学研究会理事长。

② 主要包括：山东半岛、辽中南、中原、关中—天水、北部湾、黔中、太原、呼包鄂榆、宁夏沿黄、兰州—西宁、淮海（徐淮）等。

和“6”尤其重要，这是我基于之前长期从事城镇群规划编制、城市发展战略研究的判断和认识。

在中国工程院这个课题中，“5”作为核心地区，延续了我曾经提出过中国城镇化的“钻石结构”，即除了珠三角、长三角和京津冀之外，地处内陆的成渝地区、长江中游地区，应该是我国内陆的开放高地。郑德高[1]之前负责过的重庆“1小时经济区”的规划以及汪光焘部长的想法，使我充分认识到了成渝的重要地位。重庆虽然地域广阔，但发展条件比较好的地区高度集中在四川盆地这个1小时交通圈范围内。在这个规划中，中规院第一次提出内陆城市打造开放高地的命题。因为我们在研究过程中，发现美国和德国的内陆地区，有非常开放和国际化的城市，如德国的法兰克福、斯图加特，美国的芝加哥等。汪光焘也认为，成渝轴线才是我国面向东南亚的龙头。虽然他们离东南亚和湄公河流域还有1000多公里的距离，但这个轴线向西南串接着我国贵阳、昆明等西南地区主要省会城市，有多达1亿多人口，是我们面向东南亚的大走廊，是大湄公河流域合作的前沿地区。后来多次参加长江中游地区的规划编制和研讨，使我对以武汉为中心的长江中游地区的发展，有了更加深刻的认识和期待。“6”作为战略支点，是从大国开放角度，认识我国的城镇化格局的。它们对国土的均衡开发、国家战略安全，具有突出的意义和作用。

在徐匡迪院士总牵头的这个项目中，我还关注到了县域在城镇化中的作用，提出将县域经济社会发展作为人的城镇化的重要着力点，赋予县级行政单元更多的发展权益，投放更多的公共服务产品，提供更多的发展机会，支持具有区位优势、产业优势、规模优势的重点镇加快发展，夯实城镇化的基础空间载体。在2013年中财办委托我院开展《中国城镇化道路、模式和政策研究》课题里，我力排众议，

---

① 时任中国城市规划设计研究院上海分院院长，现任中国城市规划设计研究院副院长。

坚持总报告中将县域的发展作为单独的章节。我们在给仇保兴副部长汇报这个项目的时候，他认为这个研究最大的贡献和价值，是我们把县域单独写了一章。

目前，我仍然承担着中国工程院 2016 年立项的县域城镇化的重大课题研究。这个课题由邹德慈、孟建民等几个院士牵头，中规院、东南大学、中山大学、中央财政大学、深圳规土中心等单位通力合作，课题进入成果汇总阶段。这个研究，使我对全国城镇化的空间体系有了进一步的认识，也使我对中国的差异化、多样化和本土化的特征，有了更深刻的把握。

五、区域协调发展上升到国家战略

2014 年，为了推动京津冀的协同发展，中央成立了总书记亲任组长的京津冀协同发展领导小组，办公室就设在国家发改委；同时中央还成立了京津冀协调发展专家咨询委员会，徐匡迪院士任专家组组长，中国工程院副院长邬贺铨院士、国务院发展研究中心主任李伟任副组长，专家组共有 16 名成员，我作为唯一的规划专家和交通专家入选。据张高丽副总理讲，这个专家组是中华人民共和国成立以来唯一由党中央出面组建的专家咨询委员会，可见规格之高、期待之高。能作为成员在其中工作，既感到使命光荣，也感到责任重大。我自己也确实感受到，京津冀协同发展上升到中央主抓后，做法完全不一样了。目前，京津冀协调发展已经不仅仅是个规划文本、文件约束和区域沟通，而是有非常详细的实施表和路线图，包括河北省的去产能计划、北京建设副中心、设立雄安新区，甚至“两市一省”的负面清单都经过了中央政治局的批准。

我时常在思索，为什么京津冀协调发展我们呼吁了多年，但总是成效甚微？根子就出在地方的盲目扩张和发展上。我经常讲，长期以来，北京走了天津发展的道路，通过行政和财政资源优势，和天津、河北争项目、抢资金、搞补贴；天津走了河北发展的道路，通过大上钢铁、石化等重化产业，做大GDP，追求地方经济数据的账面好看；河北被逼得无路可走，只能大搞“傻大黑粗”的水泥、建材等能源原材料工业，而且这些产品又是北京和天津必需的，最后导致整个京津冀都笼罩在雾霾之中，而且还导致了区域发展的“断悬式”差距，环京津形成的“贫困带”，就是典型的体现。京津冀的协同发展的核心，是治理首都的“大城市病”，探索人口密集地区的发展模式问题。虽然大城市病在我国比较普遍，但北京是最严重的。我们过去常讲要关注经济发展的负外部性、社会发展的负外部性，但只是停留在理论上。生态和环境问题，终于让我们认识到，大家其实是在一条船上，在环境面前谁都无法独善其身。我们现在在京津冀做的事情，许多事情是在还历史欠账，手段和措施有时候显得生硬，但这也反映出了解决区域问题面临的严峻局面和紧迫压力。

回想珠三角城镇群规划编制时期，在“非典”的背景下，让我第一次审视了资源环境问题的重要性。我相信，在资源环境约束下，做好保护与发展的平衡，是我们永远要面对的两难选择。如果发展模式不合理，环境问题一定是愈演愈烈。目前，江苏全省上下总怕被浙江赶上GDP，死抓着重化工业不放手，我认为抱残守缺只会让南京的吸引力和品质越来越差，在回望历史的时候追悔莫及。

六、对规乡规划职业的几点思考

要正确认识微观与宏观的关系。我得过三次金经昌优秀论文奖，有意思的是全部是因为宏观研究得到的奖项。正是因为从城市到小区域，再到大区域，再到国家战略层层递进式的研究积累，使我在研究宏观问题的时候，不忘微观尺度规划时积累的经验和认识，以此支撑我对大问题的判断和把握；在研究各地方微观问题的时候，也时刻在提醒我，这是否是国家趋势性的方向？是否符合事物发展的演化规律？我认为，好的规划师，宏观尺度和微观尺度的问题都应该能够很好地把控，做到融会贯通、游刃有余。当然，这需要时间和经验的积累，也需要自己不断地努力。

要正确认识“知”与“行”的关系。我的职业生涯，走了两条路线：一条是从区域的视角来研究规划，从区域、城市群、城镇体系、城镇化，一直到全国城镇体系规划；另一条是从实施性的角度来关注规划。从早期的深圳罗湖口岸的交通优化方案，到北川的灾后重建规划，到贵安新区的规划，等等。微观实施层面教会我们很多经验。如罗湖口岸实施层面的规划，使我知道了从规划到设计，再到建筑和工程，整个建设过程的协调和管控。没有这些实施层面积累的经验，就没有承担北川灾后重建的底气。朱子瑜和朱荣远也亲自经历过深圳罗湖口岸这些实施层面的规划，这些经验使他们能够比较从容地应对北川和雄安新区的挑战。从杨保军、邓东负责的青海玉树灾后重建，到张兵负责的四川卢山灾后重建工作，一直到中规院参与的贵安新区的规划建设工作，正是有这些实际操作的经验，才让中央放心交给我们雄安新区的重担。因此，作为规划师，我们既要关注大事和区域，也要关注实施层面的建设。从微观到宏观这些链条，是相通的。宏观让我们知道方向，微观让我们细节。知道各类设施和实施等的细节，才能让我们知道如何执行。我个人觉得城乡规划学科不应该是一级学科，因为它只是工科和理科的完美组合。我在同济大学接受的工科教育，是把城市作为物品来构建，是需要实实在在建起来的。经济地理这样的理科，是把城市作为对象去研究的，知道城市未来的发展方向，需要写出有思想的研究论文。没有工科教会我的构建方法，城市建不起来；没有经济地理教会的研究方法，我们不知道方向。因此，我觉得城市规划就是这两个学科的完美组合，互促共进。

规划师既要坚持自己的理想和情怀，也要脚踏实地解决问题。我常讲，规划师是最适合理想主义者从事的工作，因为追求人类美好生活和实现社会公平正义，是我们的执业初心。但是现实又总是让我们很痛苦，因此，我们要带着理想、痛苦，把决策可能导致的负面影响降低到最小。但没有理想只是服务好甲方，是不是就可以减轻痛苦呢？我觉得没有理想更痛苦，因为当你认识到你只是技术“工具”时，你就会因为自己认可的价值没有实现而更痛苦。我始终认为，我们规划师是体制内的，我们要有批评的精神，知道未来正确的方向在哪里，但我们更大的价值在于用我们脚踏实地的精神，让社会变得更美好，让城市变得更宜居。我退休之后更忙了，因为许多地方政府希望依靠我的经验和专业积累，解决他们面临的实际问题，许多青年同志也希望我能够帮助他们更好地在专业上成长。

规划是否管用与尺度无关，关键看能否解决实际问题。大家常讲城镇体系规划无用，不好实施，但我想用“汶川灾后重建城镇体系规划”的例子做个反驳。在国家发改委主持的灾后重建工作中，发改委组织了“1+9”（即一个总体规划、九个专项规划）的灾后重建系列规划，我们院负责的城镇体系规划只是“9”中的一个。国务院灾后重建领导小组（办公室设在国家发改委）发文要求，专项规划要服从总体规划。但是，地方政府和援建方在灾后重建的过程中，都来与我们城镇体系规划组对接，因为他们需要了解人口、医疗、教育、交通、设施等的资源配置情况后，才好对接项目。发改委的杨伟民[①] 很智慧，在之后颁布的文件中，他特意强调，地方重建和专项规划，要服从总体规划和城镇体系规划这两个规划。这是城镇体系规划发挥作用的实际例子。

我深切地体会到，规划师今后面对的需求，真的变了，但是我们思想上的准备远远不足。中国城镇化的前半场和发展动力，主要是靠

---

① 时任国家发改委发展规划司司长，国务院汶川灾后重建领导小组办公室主任。后任国家发改委秘书长、中央财政工作领导小组办公室副主任等职，现任全国政协经济委员会副主任。

重大基础设施建设和“砖头瓦块”堆积出来的，人们对未来的预期，全部变成了房产；地方政府对未来的预期，全部换成了被抵押的土地。在这个过程中，规划师通过城市总规和控规，发挥了很大的作用。但是，面对发展的动力转向内需的时候，面向城市更加精细化的管理、实施和提高品质的时候，我们并没有做好技术储备。如中国的小街区、密路网如何实现？这需要城市设计、用地标准、详细规划、开发强度、容积率、建筑密度、建筑限高、交通组织等一系列的技术导则和规范进行支撑，才能够做到。如果我们仅仅停留在概念和口号上，城市怎么可能做到小街区、密路网呢？从规划师服务的居民看，过去我们是为刚摆脱贫困的人民服务，今后更多是为广大的中等收入群体和越来越富裕的人民做好服务工作。如何满足人民群众对美好生活的追求和向往，就是我们规划师“讲政治”最好的体现。

改革开放以来我国区域和空间规划的变革历程

顾朝林

作者简介

顾朝林，1958年5月生，江苏靖江人，博士，清华大学长聘教授、博士生导师。主要从事城市与区域规划、城市地理学、区域经济研究。曾任中国城市规划学会常务理事，中国城市规划学会区域学委会副主任委员。现任中国科协第九届委员，中国未来研究会副理事长，中国发展基金会学术委员会委员，住房和城乡建设部科学技术委员会委员，国家发改委咨询专家，中国地质矿产经济学会资源经济与规划专业委员会副主任，中国城市科学研究会常务理事。曾获1989年中国科学院首届青年科学家、1999年教育部“跨世纪优秀人才”、2000年国家杰出青年基金获得者等荣誉称号。出版《城市经济区理论与应用》《中国城镇体系》《中国城市地理》《中国城市化：格局·过程·机理》等学术著作。

改革开放40年来，我国经济快速增长促进了城市与区域发展，也滋生了一系列区域发展不协调问题。它不是简单的各地区经济总量之间的差距，而是人口、经济、资源环境之间的空间失衡。面对迫切需要解决的区域协调发展问题，国家主管部门推动了空间规划体系改革试点。

一、“类”区域规划的再繁荣

1978年十一届三中全会确定“改革开放”政策，为规划编制注入新的活力，并提出新的要求。为了吸引国外资本、技术、管理和企业，营造良好的投资环境，我国规划学者和规划师开始学习西方国家的规划理论和方法，在经济、建设、土地、环境等政府事权分立的制度框架条件下，为激发资本、土地、劳动力、技术和政策对经济和社会发展的拉动作用，满足国家“改革开放”需要，开展了“问题导向型规划”和“目标导向型规划”。

（一）国民经济计划变革

改革开放初期，国家重新关注社会主义现代化建设问题。在总结了前五次国民经济“五年计划”时认识到，国家计划重物质生产轻科学教育导致生产工艺落后、产量偏低、不能满足国家基本的物质消费需求，国民经济计划需要从产品生产计划走向生产要素发展规划的变革。据此，国民经济“六五”计划（1981 ~ 1985 年）开始关注科技和教育等社会要素，着重解决农业、能源、交通、教育和科学问题，同时将“国民经济计划”易名为“国民经济和社会发展规划”。国民经济和社会发展规划，也从片面追求工业特别是重工业产值产量的增长转向注重农轻重协调发展，注重经济、科技、教育、文化、社会的全面发展，从指令性计划转向宏观、战略、政策性规划，实现了从五年计划到五年计划与长期计划相结合、从单纯的经济计划到国民经济和社会发展计划的转变。国民经济和社会发展的“七五”计划（1986 ~ 1990 年）更是提出“中国特色新型社会主义经济体制”、保持稳定增长和改善城乡人民生活，国民经济和社会发展计划编制也从农村经济转向城市经济，从经济规划转向综合规划（杨伟民，2003）。

（二）城镇体系规划

到 1980 年代，由于发挥中心城市的作用带动区域发展的需要，我国长期缺失的区域规划、城市规划开始得到关注。1980 年在国家建委领导下召开了全国城市规划工作会议，江苏、湖北、山东、湖南、江西等省区逐渐将城市规划提到议事日程，开始编制经济特区、经济技术开发区、高新技术开发区及相关的城市总体规划。这一时期，一方面，规划师严重短缺；另一方面，规划理论和方法严重滞后。年轻的规划师，除了从建筑和城市设计的视角重拾过去的城市物质规划外，为了适应外资和外企进入开发区的现实，城市规划师对城市功能的认识开始跳出“重生产轻生活”圈子，关注城市生活区、基础设施、社会服务设施的配套建设。后来逐步认识到：城市规划实际工作是在“促进经济建设和社会的全面协调发展”（陈晓丽，2007；张京祥、罗震东，2012），因此开始学习经济和社会分析方法，并将产业、用地、重大基础设施纳入城市规划（宋家泰、崔功豪、张同海，1985）。随着劳动力、技术和资本等生产要素的流动，中心城市对区域经济的带动和辐射作用越发重要，城市规划师逐渐认识到，把握城市发展的客观规律需要“跳出城市看城市”，在缺乏区域规划的条件下，创造了中国特色的城镇体系规划（宋家泰、顾朝林，1988），重点解决“城市总体规划”编制中的城市功能定位、城市规模预测、城市用地发展方向选择（对应城镇职能类型结构、城镇规模等级结构、城镇地域空间结构“三个结构”）和基础设施、社会设施布局的区域因素考虑（对应城镇网络“一个网络”）。城镇体系研究首先应用于烟台城市总体规划中，后来逐渐在合肥、南京、徐州、南通、东营等城市总体规划编制时得到运用。1984 年 8 月建设部第 36 号令颁布《城镇体系规划编制审批办法》，在城市、省区层次推动城镇体系规划，甚至在 1980 年代末编制了全国城镇体系规划。

（三）国土整治与规划

这一时期，国家的改革开放政策和计划经济向市场经济体制转轨，土地和银行信贷成为对外开放、吸引外资的两个激发因素，水、土、矿产等资源在城市与区域发展中的作用日益明显。1981 年的政府工作报告指出：“水是一种极为重要的资源……过去我们对这一点重视得很不够……必须同整个国土的整治结合起来……作出合理利用的规划。”会后国家领导人带队赴法国学习国土整治与规划经验，不久后正式的区域规划工作即以国土规划与整治的形式展开。1981年，国家基本建设委员会副主任吕克白负责筹备国土规划与整治部门组建；1982年国土规划与整治政府机构从国家基本建设委员会转移到国家计划委员会，成立了国土规划司，吕克白任国家计委副主任，主要分管国土规划工作，方磊任国土规划司司长，开展26个重点地区的国土规划编制试点，主导全国的国土规划与整治工作，并编制了《全国国土规划纲要（1985～2020年）》。国务院〔国发〕（1985）44号文件指出："国土规划是国民经济和社会发展计划的重要组成部分，对于合理开发利用资源，提高宏观经济效益，保持生态平衡等具有重要的指导作用，也是加强长期计划的一项重要内容。"1989年，国家计委〔计国土〕198号文进一步明确："国土规划是一个国家或地区高层次的综合性规划，是国民经济和社会发展计划体系的重要组成部分。"1990年，国家计委充分认识到"我国面临的人口、资源和环境的问题十分严峻，必须重视并认真解决好这个问题"，在河北省保定市召开了全国国土工作座谈会，研究在治理整顿和深化改革中如何进一步搞好国土工作，在编制全国和省级国土规划的同时，探索并编制了地区级、县级国土规划，促进国民经济长期持续、稳定、协调地发展。

（四）初创土地利用总体规划

1986年，为了遏制土地浪费，国家成立土地管理局并颁布《中华人民共和国土地管理法》，规定"城市规划和土地利用总体规划应当协调，在城市规划区内，土地利用应当符合城市规划"。因此，编制的第一轮全国土地利用规划主要面对城市规划区外的农村土地，规划重点也在土地承载潜力研究、耕地开发治理、城镇用地预测研究等方面。

毋庸置疑，这一时期的国民经济和社会发展计划、国土规划与整治、城镇体系规划和土地利用总体规划，共同为我国的改革开放、吸引外资、构筑外向型经济体系搭建了吸引外资的环境平台。城市规划和土地利用规划以城市规划区为界，城市规划以城市土地利用为主，土地利用规划以保护耕地为主，各司其职，各守一方（顾朝林，2015）。

二、“类”空间规划的市场转型发展

1989年中国度过了不平凡的一年。首先，建立社会主义市场经济体制，清欠“三角债”，强化中央财政实施分税制，推动人民币大幅贬值和汇率并轨，政策性金融和商业性金融初步分开，新的宏观经济调控框架初步建立，市场在资源配置中的作用明显增强，以公有制为主体、多种经济成分共同发展的格局形成，现代企业制度建设加快，社会主义市场经济体制初步建立。其次，允许土地使用权有偿转让，土地和空间资源的合理配置成为国民经济和社会发展计划、城市规划和土地利用规划的核心环节。

（一）土地利用规划转型

1989年，土地管理局与地质矿产资源部合并成立国土资源部，计划和发展委员会下设的国土规划司也转移到国土资源部，负责编制实施国土、土地利用、矿产资源、地质环境等综合规划。与此同时，由于开发区的土地采用使用权有偿出让方式进行市场配置，各开发区之间为了竞争资源，大部分都以十分低廉的价格甚至是零地价出让，很快许多开发区土地资源耗尽，又通过“扩区”的方式来保障供地需求。为了保护土地资源，国土资源部主导的土地利用总体规划也从以农村土地利用规划为主转向全覆盖的城乡土地利用规划，通过土地用途分区，按照供给制约和统筹兼顾的原则修编了土地利用总体规划。土地利用规划运用土地供给制约和用途管制，在开发规模和开发地点选择上发挥了重要作用。

（二）国民经济和社会发展规划转型

这一时期，国民经济和社会发展规划开始转向增长拉动为主，GDP 和人均 GDP、财政收入年均增长率、出口总值、利用外资额等成为国民经济和社会发展规划的预期目标，经济与社会发展的总体构想、区域经济布局与国土开发整治、产业发展与布局、外向型经济和横向经济联合等经济和社会发展分区政策也成为国民经济和社会发展规划的重要内容。毫无疑问，这一时期的国民经济和社会发展规划取得空前的成功，“八五计划”期间中国经济年均增长速度达 11%，到 2000 年实现了人均国民生产总值比 1980 年翻两番的目标。

（三）城市总体规划转型

1991 年，建设部召开第二次全国城市规划工作会议，提出“城市规划具有计划工作的某些特征”（陈晓丽，2007），“城市规划不完全是国民经济计划的继续和具体化，城市作为经济和各项活动的载体，将日益按照市场来运作”（张京祥、罗震东，2012）。1992 年邓小平南巡讲话后，外国直接投资和城市土地市场化掀起“开发区热”，中国城市、沿海地区进入大发展时期，对外开放的范围和规模进一步扩大，形成了由沿海到内地、由一般加工工业到基础工业和基础设施的总体开放格局，增长拉动型规划成为主流。由于空间增长的需求强烈，这一时期，除了以工业发展为主的“工业园”“开发区”外，也衍生出一些“开发区”变体，如“科学城”“大学城”等，“目标导向型规划”成为城市和开发区规划的特色。这一方面，城市规划出现了发展目标和开发规模盲目膨胀、脱离实际的状态；另一方面，由于开发区体制肢解了对城市发展的统一管理和协调发展，最终导致城市发展宏观失控的现象。城市总体规划由于以开发区、新区为核心，也从过去城市建设的蓝图转向城市发展的蓝图。

综上所述，这一时期的国民经济和社会发展规划、城市总体规划和土地利用总体规划“三个规划”，一方面由于规划师对市场经济体制下生产要素流动规律和机制的认识和熟悉度不足，疲于应付各自部门由于快速经济增长出现的生产要素供给不足；另一方面都涉及城市整体发展但都未获事权分管，出现“类”空间规划的目标不同、内容重叠，一个政府、几本规划、多个发展战略的局面。与此同时，由于快速经济增长需求对土地、劳动力和资本的供应加大，快速城市化和快速增长也为城市与区域发展中的经济结构性问题、空间和社会极化问题、资源生态环境问题以及大城市病问题埋下伏笔。

三、“三规”趋同以及规划失控

2000年，我国加入世界贸易组织（WTO），东南沿海很快成为“世界工厂”；2002年，党的“十六大”进一步提出全面建设小康社会的目标，国民经济也进入快速发展时期；2008年，北京举办第29届夏季奥林匹克运动会。中国的发展使其很快成为世界第二大经济体和第一大贸易国，社会发展也进入变农业国家为工业化、城镇化、信息化和农业现代化的社会转型阶段。内地劳动力和自然资源加快向沿海地区流动，大城市的人口和经济、社会活动过度集聚，给沿海地区城市的运行造成了巨大的压力，拓展新的城市发展空间成为紧迫需求。一些城市采取建设“新区或新城”、引导郊区集中发展的方式缓解老城区人口增长的压力，实现城市结构的优化，后来慢慢形成了中国经济的高速持续增长对内过分依赖于房地产开发、对外过分依赖出口的局面。也就在同一时期，2008年源自美国的次级房屋信贷危机导致投资者对按揭证券价值失去信心引发流动性危机开始失控，并导致多家相当大型的金融机构倒闭或被政府接管。随后衍生出欧元区如希腊债务危机，极大挫伤欧美国家居民购买能力，从而形成对我国外向型经济体系的巨大冲击，拉动内需、寻找新的增长点和增长区成为非常急迫的问题。在这样国际国内问题和矛盾复杂多变的情况下，过去的“类空间”规划都在竭尽所能发挥各自对生产要素和空间协调的作用，终因体制、机制和部门利益收效甚微，由于中国持续的高速经济增长衍生的一系列资源－环境－生态问题日益凸显，转型发展和可持续发展的资源和环境压力日益加剧，盲目投资和低水平总量扩张与社会事业发展滞后的矛盾日益尖锐，区域和空间协调发展面临日益严峻的挑战。

（一）“三规”趋同

1. 国民经济和社会发展规划

为了应对新的国际国内经济形势和挑战，实现由中等收入国家转变为发达国家、避免落入中等国家陷阱的目标，规划体制改革被提到议事日程。时任国家发改委规划司司长的杨伟民认识到，政府在制定规划的时候不仅要考虑到产业，还要考虑空间、人口、资源和环境的协调，带领研究团队通过调研和试点后起草了关于规划体制改革的意见（杨伟民，2003）。2003 年国家发改委委托中国工程院研究相关课题，提出增强规划指导、确定主体功能的思路。后来，中共中央关于“十一五”规划的建议明确提出了主体功能区的概念，并最终列入国家“十一五”规划纲要（马凯，2003）。“十一五”规划纲要重视区域问题，进行主体功能区规划，划定优化开发、重点开发、限制开发、禁止开发地区；结合世界金融危机对国民经济的影响，提出转变经济发展方式，将重点转向内需、城镇化、节能减排、包容性增长等；强调以人为本，坚持科学发展观，按照统筹城乡发展、统筹区域发展、统筹经济社会发展、统筹人和自然和谐发展、统筹国内发展和对外开放的要求，更大程度地发挥市场在资源配置中的基础性作用，为全面建设小康社会提供强有力的体制保障，并试点经济、建设和土地“三位一体”的空间规划（杨伟民，2010）。

2. 城市总体规划

经济全球化、市场原则主导的快速发展，也给大城市发展注入了活力，刺激了大城市的旧城重建、近郊蔓延和“新城开发热”。城市总体规划作为制造“增长的机器”的工具，其“建设蓝图”角色被“发展蓝图”进一步引导为城市发展的“公共政策工具”，2006年开始施行的《城市规划编制办法》提出“城市规划是政府调控城市空间资源的重要公共政策之一”。为了满足城市快速发展和大产业园区发展，以及为项目配套基础设施和社会设施，寻找新的发展空间，城市规划编制不再是为了建设城市而是为了“营销城市”的土地，在城市规划相关法律法规的基础上形成“寻租”空间，甚至成为“政策型”规划（李晓江等，2011）。巨大市场力和经济全球化对城市发展的冲击前所未有，也导致未充分考虑这些因素编制的城市总体规划实施效果不佳。

3. 土地利用总体规划

由于1997年第二轮土地利用规划过分强调对农用地，特别是耕地和基本农田的保护，以“严格限制农用地转为建设用地，控制建设用地总量”“确保耕地总量不减少”为目标，对国民经济发展必须的建设用地的需求保障不够，对生态环境变化的影响和需求研究不多，使得规划在实际操作的过程中缺乏科学性、合理性和可行性，规划目标和用地指标一再被突破，并未真正发挥出土地规划的“龙头”作用。2006年第三轮修编，树立“全局、弹性和动态”的理性发展观念，从经济、生态、社会三方面构建节约集约用地评价指标体系，对特定区域的土地利用情况进行时空分析及潜力分析，为其规划中的各项控制指标分解以及建设用地的空间布局分配提供依据（肖兴山、史晓媛，2004）。这样，土地利用规划也走向了基于土地资源利用的区域综合规划之路，使原来土地利用单一要素规划向满足经济、社会与资源环境相互协调发展的多目标转变，规划内容也更加综合，包括：确定土地利用方向、调整土地利用结构和布局、确定各业用地指标、划定土地利用分区和确定各用地区域的土地用途管制规则等（王勇，2009）。土地利用管理的主要策略转向“管住总量、控制增量、盘活存量”。

（二）环境保护规划初创

长期一段时期，环境保护规划长期落后且让位给“发展规划”。直到 2002 年，分散的乡镇企业严重污染区域的水、大气和土壤时，国家环境保护总局和建设部联合出台《小城镇环境规划编制导则（试行）》，结合小城镇总体规划和其他专项规划，划分不同类型的功能区，提出相应的环境保护要求，特别注重对规划区内饮用水源地功能区和自然保护小区、自然保护点的保护，尤其严格控制在城镇上风向和饮用水源地等敏感区开展污染项目（顾朝林，2015）。后来的环境保护规划，也都是在进行环境功能区划分，局限在受污染的水、土壤、大气及噪声、固体废物的综合整治方面，主动的生态环境保护规划并未开展起来。

（三）城镇体系规划式微

这一时期，发端于城市规划、繁荣于发挥中心城市作用需求的城镇体系规划，却慢慢变成了弱势，越来越发不出声音。在市域层面，市域城镇体系已经融入相应的城市总体规划中；在县域层面，县城规划扩展为县域总体规划，县域城镇体系规划也变成县城总体规划中区域分析的内容；在一些城镇化快速发展的省区，小城镇发展获得关注，主管村镇的建设系统开始编制自封闭性质的县域村镇体系规划，分散了县域城镇体系规划作为县主体的空间规划的事权和权威性。事实上，由于住建部门事权的限制，县域总体规划（除县城规划外）、县域城镇体系规划或县域村镇体系规划等大多成为有规划不实施的“墙上挂挂”规划。在省域层面，主管部门利用先发的法规优势推动省域城镇体系规划编制，但由于城镇体系规划的传统理念和方法不能适应市场经济体制的需求，存在明显的计划经济体制痕迹，即：先编出省域城镇体系规划，从上一个层次规定城市的等级规模结构、功能定位和职能结构、用地空间结构和发展方向，然后指导下层次各城市总体规划。在后来城市土地财政普遍形成的情形下，所有的城市都希望通过城市总体规划扩大建设用地范围和数量，城镇体系规划的总量控制和城市总体规划的数量扩张，不可避免产生出无法调和的矛盾，最终编制的省域城镇体系规划也大多未能实施。在这样的尴尬情形下，有的省区进一步推动省区城镇体系规划编制内容改革，从原来的“三个结构一个网络”改为区域空间结构、城镇空间结构、生态空间结构和交通空间结构“四个结构”（张泉、刘剑，2014），“城镇体系规划”逐步演化为“迷你版”的省区空间规划。然而，由于区域空间、城镇空间的土地、生态空间和交通空间的事权也还都分散在发改委、住建部、国土部、环保部、林业部、交通部等政府职能部门，这样以城镇体系为主体的内容庞杂大的区域规划，由于实施主体的事权不掌握、不明确或缺失，规划的科学性和操作性、实用性受到严峻的挑战。在全国层面，2005年建设部编制完成《全国城镇体系规划（2006～2020年）》，2007年上报国务院，也因为全国城镇体系规划的实施主体不明确，最终未获批准。

这一时期，一方面，在社会主义市场经济体制下，这些“类”空间规划在国际层面促进了国家经济、重要城市与全球经济和全球城市体系的连接，为东南沿海世界工厂发展提供了强大的物质空间支撑；在国内层面，规划对实现国家战略目标、弥补市场失灵、有效配置公共资源、促进协调发展和可持续发展等发挥了巨大的作用，中国经济进入15年黄金增长期，GDP年增长率10%以上，实现从国际收支基本平衡到巨大外汇盈余。另一方面，由于空间规划的政府事权划分不清，国民经济和社会发展规划、城市总体规划、土地利用总体规划乃至环境保护规划都在共同面对城市与区域的可持续发展问题，都将“空间协调发展和治理”列为各自的规划目标，更加注重空间目标、更加突出和强调公共政策等，规划理论、编制方法和实施途径趋同，关于空间规划编制事权的争夺也愈演愈烈（王磊、沈建法，2014）。从现状国家颁布的法律法规看，真正具有法律地位的区域（空间）规划是城镇体系规划，它是事实上的“一级政府、一级事权、一本规划”，尽管生产要素和空间协调对这样的城镇体系规划实施显得非常紧迫，但由于规划内容除了涉及城市建设的部分外大部分均超越了住建系统自身事权的管辖范围，规划实施因缺乏政府管理权限变得遥遥无期。

四、空间规划体系的改革

（一）顶层空间规划编制

2011 年，国家出台《全国主体功能区规划》，明确了未来国土空间开发的主要目标和战略格局，中国国土空间开发模式发生重大转变。为了贯彻落实国家国民经济和社会发展规划纲要，国家发展和改革委员会规划司和地区司开始选择跨省区、重点地区编制面向区域发展政策的区域发展规划（如“国务院关于支持赣南等原中央苏区振兴发展的若干意见”等），以弥补区域规划的不足。同年，国土资源部也编制了面向国土资源开发的第二轮《全国国土规划纲要（2011 ~ 2030 年）》。2012 年，国家发改委认识到城镇化成为新时期经济增长和社会发展非常重要的要素，组织编制《国家新型城镇化规划》。2014 年中共中央、国务院印发了《国家新型城镇化规划（2014 ~ 2020 年）》，并发出通知要求各地区各部门结合实际认真贯彻执行。

（二）“多规合一”空间规划试点

面对上述多规分立、各自为政的国家空间规划体系局面以及日益严峻的不可持续发展问题，《国家新型城镇化规划》提出：加强城市规划与经济社会发展、主体功能区建设、国土资源利用、生态环境保护、基础设施建设等规划的相互衔接。推动有条件地区的经济社会发展总体规划、城市规划、土地利用规划等“多规合一”。所谓“多规合一”，就是指推动国民经济和社会发展规划、城乡规划、土地利用规划、生态环境保护规划等多个规划的相互融合，融合到一张可以明确边界线的市县域图上，实现一个市县一本规划、一张蓝图，解决现有的这些规划自成体系、内容冲突、缺乏衔接协调等突出问题。

2014 年国家发改委、国土部、环保部和住建部四部委联合下发《关于开展市县“多规合一”试点工作的通知》，提出在全国 28 个市县开展“多规合一”试点。这项试点要求按照资源环境承载能力，合理规划引导城市人口、产业、城镇、公共服务、基础设施、生态环境和社会管理等方面的发展方向与布局重点，探索整合相关规划的控制管制分区，划定城市开发边界、永久基本农田红线和生态保护红线，形成合力的城镇、农业和生态空间布局，探索完善经济社会、资源环境和控制管控措施。

2017 年 1 月，中共中央办公厅、国务院办公厅印发了《省级空间规划试点方案》，推动 9 个省级空间规划试点，要求牢固树立新发展理念，以主体功能区规划为基础，全面摸清并分析国土空间本底条件，划定城镇、农业、生态空间以及生态保护红线、永久基本农田、城镇开发边界（以下称“三区三线”），注重开发强度管控和主要控制线落地，统筹各类空间性规划，编制统一的省级空间规划，为实现“多规合一”、建立健全国土空间开发保护制度积累经验、提供示范。

五、“1+X”空间规划体系思考

城市和区域发展，两者互相依存，互为发展，区域规划或“类”空间规划，对解决生产要素的城市和区域内部和外部的流动、交换、均衡与不均衡发展，无疑都发挥了巨大的作用。然而，由于我国的中央政府以及中央和地方事权划分重叠或空缺，以及历史上曾经的 25 年（1953 ~ 1978 年）计划经济体制，行政区和城市长期成为政府部门管理的实体单元，跨行政区的生产要素流动不足，城市的发展也都局限于行政区内部，形成了重视城市建设规划、轻视区域发展规划的普遍局面。改革开放 40 年来，在早期商品经济、后期市场经济体制框架下，极大地激发了资本、土地、劳动力和技术等生产要素的跨城市和跨区域的流动。首先，在区域发展的早期，是交通运力、信息阻塞阻碍了城市和区域经济的发展，交通和流通“两通发展”成为破解城市和区域发展瓶颈的战略选择；后来，外资和技术的输入促进快速或高速的经济增长，土地、劳动力、水资源和能源需求成为城市和经济发展的保障条件，跨城市、跨区域甚至跨大区的调水、调煤、调粮、输电、农民工流动和交通组织、行政区划调整和土地资源析出，以及信息化和信息高速公路建设等等，都成为“类”空间规划编制中要素供给的核心内容；再后来，由于经济、生产在城市或区域的加速集聚进一步突破了城市或区域自身的淡水资源、排污容量、土地供给、生态环境承载力的限制，即所谓的“资源的面状分布和发展的点上集聚”的矛盾加剧和激化，而同期的区域规划或空间规划严重滞后、失效或不作为，进一步加剧了人口爆炸、交通拥堵、住房不足和房价高涨、环境污染以及生态严重退化等这些发展中滋生的问题愈加严重。这些区域问题和大城市病问题，如果不能及时解决任其蔓延，会进一步衍生出一系列的空间、经济、社会、制度、环境、生态问题，从而导致区域竞争力下降，投资环境恶化，最终使得区域严重衰退（图 1）。这就是当下我国经济和社会发展与区域空间不协调面临的巨大区域问题。

如何化解这个巨大的区域不协调问题？如何解决由于区域不协调滋生的城市和区域发展中的诸多问题？笔者认为，通过重划政府事权、推进政府部门重组、重构国家的空间规划体系的“激进主义”改革，会从根本上解决上述问题，但也存在体制改革的巨大风险。笔者建议，在原有部门规划制度框架和“类空间”规划的基础上，通过“渐进性改革”，将各部门规划的“空间规划”元素全部抽取出来，形成一个高于这些规划的“一个政府、一张蓝图、一本规划”，这个规划

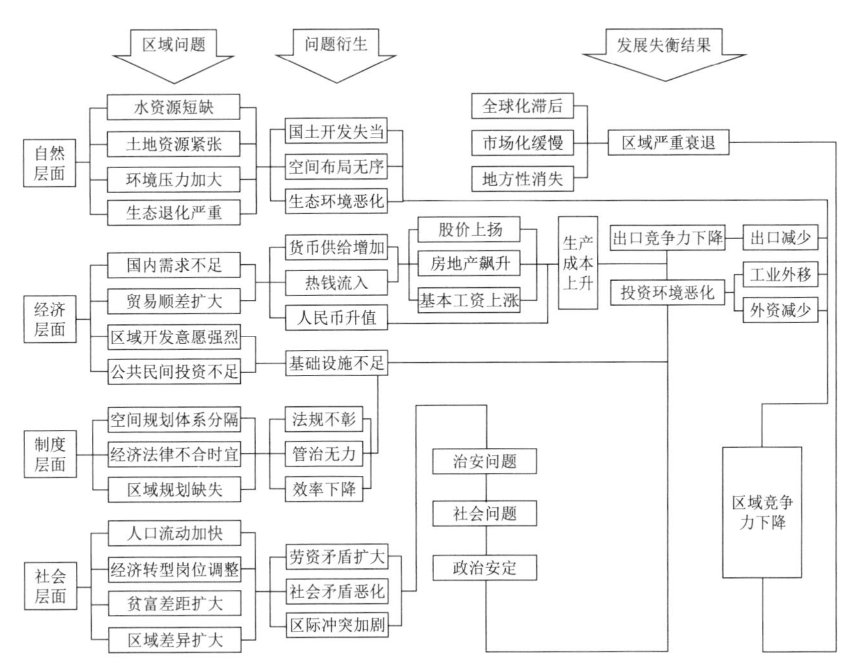

图 1　区域问题导致区域衰退逻辑关系示意图
［图片来源：地理学报，2007，62（8）：787-798］

就是部分欧美国家规划体系中的区域规划、德国和荷兰等国家的“空间规划”，建构基于多规融合的“1+X”新空间（区域）规划体系。这样的空间规划制度设计，无论是管理成本、规划实施，还是规划理论和方法，都是实际和可行的，也能避免因为规划制度的变革产生新的规划管理问题。

所谓基于多规融合的“1+X”新空间（区域）规划体系，核心就是“1”，即：空间发展总体规划的设计。笔者设想：在国家和省区社会与经济发展目标指引下编制空间发展总体规划。这个规划从自然、经济和人口三个方面切入，对市县人口、经济、产业、交通和市政设施、绿色基础设施、公共服务设施进行空间配置，并对土地、水资源、天然资源分配预规划，市县地方政府赋予区域发展总体规划独立的地方开发裁量权（发展区划定）、区域交通设施和绿色基础设施建设投资划拨权，使规划编制可操作、可实施。空间发展总体规划编制技术框架如图 2 所示（顾朝林、彭翀，2015）。

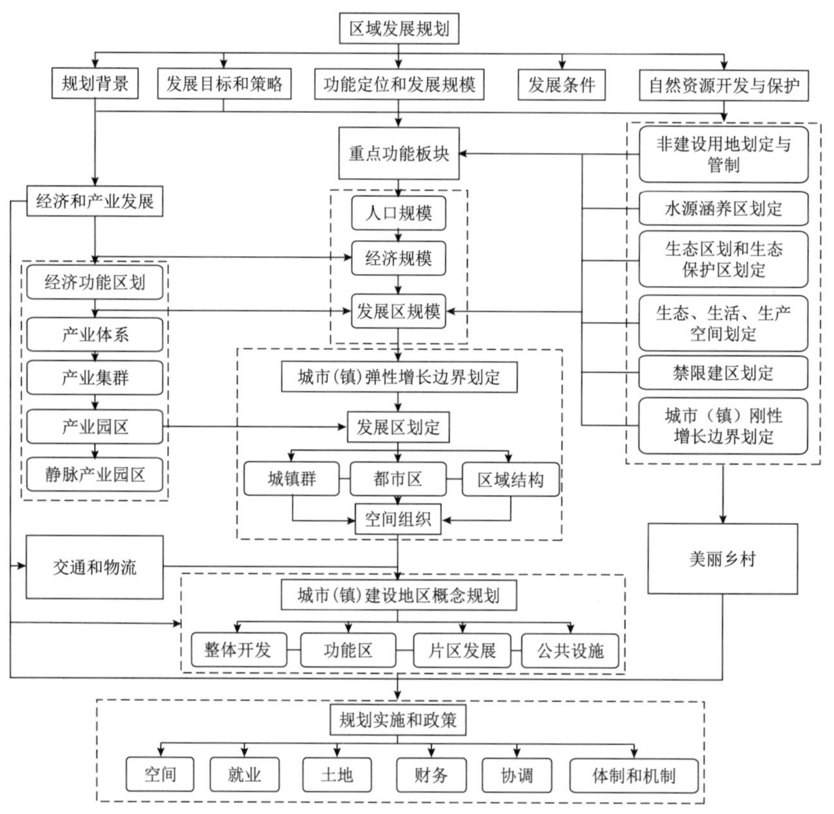

图 2　基于“多规融合”的区域发展总体规划编制技术框架

［图片来源：城市规划，2015，39（2）：16-22］

不难看出，该区域发展总体规划框架，是建立以规划编制背景、上级和本级政府确定的发展目标和策略、功能定位、发展规模、经济和社会发展条件以及自然资源开发和保护为基础，以空间开发和规划为中心，实现满足生态和环境承载力的经济（产业）和（城乡）人口的既可持续又最大化的区域总体发展。

首先，构筑“与自然和谐共生”平台。根据市县发展目标和策略、功能定位、发展规模以及自然资源，进行非建设用地划定与管制，划定水源涵养区、生态保护区、生态－生活－生产空间、禁止和限制建设区以及城市（镇）刚性增长边界，使未来空间开发、社会和经济发展均建立在“与自然和谐共生”的基础上。在自然资源开发和保护的基础上进行美丽乡村规划建设。

其次，搭建循环经济和产业发展平台。以规划编制背景、发展目标和策略、功能定位和发展规模、经济和社会发展条件以及自然资源为基础，基于循环经济和绿色生态产业理念，进行市县经济功能区划，为空间发展中重点功能板块和发展区准备，同时构建基于各经济功能区的产业体系、产业集群、产业园区以及以循环、再利用、再制造为特征的3R静脉产业园区，编制经济和产业发展规划。依据产业和发展区空间组织，进行市县区域交通和物流规划，为发展区概念规划提供对外交通、物流、信息基础设施条件。

第三，按发展区编制建设规划。在市县重点功能板块的基础上，根据人口和产业规模确定各重点功能板块的发展区规模，划定城市（镇）弹性增长边界和发展区，在城镇群、都市区和区域结构的基础上进行发展区空间组织，进而编制发展区建设地区概念规划，确定整体开发方案、功能区组织、片区发展和公共设施布局。

最后，在空间、就业、土地、财务、跨区协调等方面保证规划实施，从而实现“一个政府、一本规划、一张蓝图”干到底的设想。

参考文献

[1] 杨伟民. 规划体制改革的理论探索 [M]. 北京：中国物价出版社.

[2] 陈晓丽. 社会主义市场经济条件下城市规划工作框架研究 [M]. 北京：中国建筑工业出版社.

[3] 宋家泰，崔功豪，张同海. 城市总体规划 [M]. 北京：商务印书馆.

[4] 张京祥，罗震东. 中国当代城乡规划思潮 [M]. 南京：东南大学出版社.

[5] 宋家泰，顾朝林. 城镇体系规划的理论与方法初探 [J]. 地理学报，1988，43（2）：97-107.

[6] 张泉，刘剑. 城镇体系规划改革创新与“三规合一”的关系——从“三结构一网络”谈起 [J]. 城市规划，2014，38（10）：13-27.

[7] 顾朝林. 城镇体系规划——理论·方法·实例 [M]. 北京：中国建筑工业出版社.

[8] 张泉. 江苏省城镇体系规划 2030 战略方针的思考 [J]. 城市规划，2012，36（9）：45-52.

[9] 马凯. 用新的发展观编制“十一五”规划 [J]. 宏观经济，2003，（11）：3-12.

[10] 杨伟民. 发展规划的理论与实践 [M]. 北京：清华大学出版社，2010：28-95.

[11] 王勇. 论“两规”冲突的体制根源——兼论地方政府“圈地”的内在逻辑 [J]. 城市规划，2009，33（10）：53-59.

[12] 李晓江，赵民，赵燕菁，等. 总体规划何去何从 [J]. 城市规划，2011，35（12）：28-34.

[13] 刘永红，刘秋玲. 深圳规划制度改革——从近期建设规划到近期建设规划年度实施计划 [J]. 城市发展研究，2011，18（11）：65-69.

[14] 肖兴山，史晓媛. 浅析第三轮土地利用总体规划 [J]. 资源与人居环境，2004（7）：29-31.

[15] 王凯. 国家空间规划体系的建立 [J]. 城市规划，2006，30（1）：6-10.

[16] 汪劲柏，赵民. 论建构统一的国土及城乡空间管理框架——基于对主体功能区划、生态功能区划、空间管制区划的辨析 [J]. 城市规划，2008，32（12）：40-48.

[17] 韩青，顾朝林，袁晓辉. 城市总体规划与主体功能区规划管制空间研究 [J]. 城市规划，2011，35（10）：44-50.

[18] 王磊，沈建法. 五年计划 / 规划、城市规划和土地规划的关系演变 [J]. 城市规划学刊，2014（3）：45-51.

[19] 顾朝林，张晓明，刘晋媛，等. 盐城开发空间区划及其思考 [J]. 地理学报，2007，62（8）：787-798.

[20] 赖寿华，黄慧明，陈嘉平，等. 从技术创新到制度创新：河源、云

浮、广州“三规合一”实践与思考 [J]. 城市规划学刊，2013（5）：63–69.

[21] 顾朝林. 论中国“多规”分立及其演化与融合问题 [J]. 地理研究，34（4）：601–613.

[22] 顾朝林，彭翀. 基于多规融合的区域发展总体规划框架构建 [J]. 城市规划，2015，39（2）：16–22.

[23] 顾朝林. 多规融合的空间规划 [M]. 北京：清华大学出版社.

[24] 顾朝林，张悦，邵磊，唐燕，陈继军，等. 县镇乡村域规划编制操作手册 [M]. 北京：清华大学出版社.

与城镇体系规划的不解情缘
——关于改革开放40年城乡规划工作的记忆

张勤

作者简介

张勤，1963年5月生于江苏南京，1982年毕业于北京大学地理系，高级城市规划师。1982年进入城乡建设环境保护部城市规划局工作。历任建设部城市规划司综合处副处长、区域规划处处长、住房和城乡建设部城乡规划司副司长。2012年调任杭州市城乡规划局任局长。此外，还担任了浙江省政府参事、中国城市规划学会常务理事、中国城市规划学会区域规划和城市经济学委会副主任委员等职务。

第一次听闻城镇体系规划是在1985年的深秋，当时我在城乡建设环境保护部城市规划局工作。那时，国家改革的中心刚刚开始从农村转向城市，在中央和国家政策文件中经常出现关于“城市是区域经济发展的中心”的表述。随着经济体制改革的深入，由上而下的大一统的城市建设投资体制在动摇，在“人民城市人民建”的导向下，地方政府在实践中不断拓展自筹城市建设资金的途径，城市各项建设的步伐开始加快，对城市规划工作提出了新的要求，催生了城市规划工作实践的创新和发展。经常有省市规划部门的同志来部里汇报他们对规划方法的新探索。有这样的机会，局里领导会让同志们都去听，不分年龄、专业，大家都有学习的机会。

有一次，办公室通知大家：北京大学的老师在王凡局长的办公室汇报济宁城镇体系规划，大家可以去学习，我就去了。一小半为了学习，一大半为了看自己的老师——听说魏心镇老师、周一星老师来了。

在学校的时候听周一星老师讲城市地理，对城镇体系有所了解。但城镇体系规划对我来说是新的概念。半天听下来，明白了济宁是一个矿业城市，一城三片还有若干工矿点，用常规的城市总体规划编制方法，不足以回应济宁的发展建设问题。北京大学承担济宁市城市总体规划编制，在规划中依据城镇体系理论对城市各片区的职能、规模和空间布局做出整体的考虑和统筹的安排。基于济宁的实践，魏老师、周老师向王凡局长建议，国家应适应城镇发展出现的新动向，在城乡规划中加强城镇体系的规划和研究。

开始以城镇体系规划“为业”。1990 年 12 月，领导调我去区域规划处工作。区域规划处的主要职责就是推动区域城镇体系规划。1990 年 1 月 1 日施行的我国第一部规划大法——《城市规划法》规定了国家、省、市、县四级政府都要制定和实施城镇体系规划。全国各地已经有非常丰富的城镇体系规划实践。有些是以国土规划专题的形式编制的，譬如陇海－兰新地带城镇体系规划、安徽省城镇体系规划；有些是独立编制的，譬如作为局里工作试点的焦作市城镇体系规划、保定市城镇体系规划，等等。区域规划处的前任处长是顾文选同志，他升任副司长后仍然分管区域规划工作。按照他的要求，新官上任后我要做好几项具体工作，最主要的就是起草城镇体系规划编制办法。

一、来之不易的《城镇体系规划编制审批办法》

1994 年 8 月 11 日，《城镇体系规划编制审批办法》（以下简称《办法》）经当时建设部常务会议通过。同年 8 月 15 日，时任建设部部长的侯捷同志签发第 36 号部长令，发布了《办法》，并明确于同年 9 月 1 日起施行。从《城市规划法》施行到《城镇体系规划编制审批办法》发布实施，经历了 4 年零 9 个月。这是一个漫长的过程。城镇体系规划虽然被写入了《城市规划法》，制定和实施城镇体系规划成为相应各级政府的法定职责，但在实际工作中的地位和作用并不稳定，没有取得业界的普遍认同。今天反思城镇体系规划工作推行中遇到的坎坷，原因有以下几个方面：一是城市规划工作中长期存在的“就城市论城市的痼疾”。脱离城镇化发展的历史过程，忽视了城市与区域发展的必然联系，忽视了城乡是一个有机发展的整体。二是对城市规划“职能”认识的局限性。改革开放以后，随着城市建设的逐步恢复，为建设而规划的规划理念在规划业占主流，城市规划只覆盖一定时期内建设可能覆盖的区域，投资和项目不能涉及的空间为什么要规划、规划什么？受由上而下的城市建设投资体制的制约，城市建设的投资能力有限，规划工作被局限在狭小的空间上，以区域空间为基础的城镇体系规划缺乏实际意义和作用。三是城镇体系规划实施管理的主体不明确，规划没有落实到管理上。《城市规划法》只明确了城镇体系规划的编制要求，缺少对实施城镇体系规划的规定。规划成果着重在“三结构一网络”（即规模、职能、空间结构和交通等基础设施网络），缺乏与政府管理职能、管理手段的呼应，可实施性和可操作性不够。我非常钦佩负责起草《城市规划法》的那一辈规划前辈（包括领导和专家），他们具有远见卓识，把尚没有广泛实践基础的城镇体系规划写入国家第一部规划法律，开辟了城镇体系规划的实践空间。我至今还能清晰记得列席审议《办法》的部常务会议时的情景，在会议的关键时刻，宋春华副部长在发言中强调，编制城镇体系规划是《城乡规划法》的要求，是实施国家法律的需要。宋春华副部长的意见对部常务会议审议通过《办法》发挥了至关重要的作用。《办法》总体上是基于《城市规划法》对城镇体系规划的规定起草的，但也做了两个方面的革新。在总结《城市规划法》实施后相关城镇体系规划编制工作实践的基础上，一是弱化了“市域城镇体系规划”，强调将市域城镇体系规划融入城市总体规划编制的过程中，体现“一级政府、一级事权、一本规划”的要求；二是补充了对城镇体系规划审批权责的规定，推动城镇体系规划从“依法编制”走向“依法制定”。

二、出台《关于加强省域城镇体系规划工作的通知》

《城镇体系规划编制审批办法》的出台对城镇体系规划编制工作起到了一定的促进作用。但是，全国城镇体系规划的编制工作一直没能提上建设部的议事日程，进展十分迟缓；县域规划归口到主管小城镇规划工作的部门具体负责。城镇体系规划编制中普遍存在"就体系论体系"的问题。这期间城乡规划司区域规划处的同事工作调动变化很大，与我一同搭档的同事先后有赵继兰、王丽萍、王穗华、阳作军、马哲军。基于当时的情况，我们把推进省域城镇体系规划作为工作重点。那一段时间，我们密集地开展省域城镇体系规划的调研，深入参与具体编制工作。1993 年，广东省建设委员会（当时的主管部门）组织编制了《珠江三角洲经济区城市群规划》。陈之泉主任亲自主持、许学强教授亲自领衔编制。房庆方同志当时任规划处处长，他周围集聚了一批富有朝气、智慧和干劲的年轻人，如许瑞生、蔡赢、杨细平、马向明等①。我和王丽萍一起参与了珠三角城市群规划编制的多场重要活动，全面系统地了解了规划编制的过程。珠三角城市群规划以区域城镇化发展为基础，分析了城镇密集地区城镇人口发展、空间布局的现象和问题，提出了对城市规模、布局的规划要求；分析了人口城镇化的开放性特点，对珠三角地区城镇人口的增长的趋势和分布、城镇人口规模和构成做了比较客观的分析；针对当时开发区、产业园区和乡镇工业加工区蓬勃兴起，城镇外来人口集聚增加的发展现实，对各城镇市政基础设施的建设提出了相应的规划要求；特别是从珠三角整体出发，跳出城镇，从区域的角度、从城乡统筹的角度划

---

① 珠江三角洲经济区城市群规划领导小组，组长，建委主任陈之泉；副组长，建委副主任劳应勋。城市群规划组，组长，房庆方；副组长，欧阳南江；成员，马向明、张蓉、许瑞生、张虹鸥、叶浩军、王富海、唐曦文、蔡赢、杨细平、唐建新。

定都会区、市镇密集区、开敞区、生态敏感区这四类用地发展模式，用不同的发展策略实施引导和管控。

珠三角城市群规划的实践对做好城镇体系规划意义重大。一是城镇体系规划不能“就体系论体系”，必须要立足于对区域城镇化过程的合理引导；二是必须形成有效的管控工具，譬如市政基础设施建设的具体要求，覆盖全域的空间用途管制的政策分区；三是要与相应管理层级的政府事权相对应。珠三角城市群规划推动了城镇体系规划从城市规划系列中的“专项规划”向对应层级政府事权的综合性规划的转变，分区开发管治、对各城市和城镇市政基础设施的指导建议等规划内容，增强了规划实施的可操作性，推动了城镇体系规划实施机制的建设，是区域城镇体系规划的里程碑。我们把《珠江三角洲经济区城市群规划》的经验推介到正在开展省域城镇体系规划编制的各省，得到业界的关注，有力地推动了省域城镇体系规划的编制。浙江、江苏、安徽在省城镇体系规划的编制中，结合当地实际积极探索城镇体系规划的实践创新。

1998 年 3 月 27 ~ 29 日，规划司在山东省淄博市召开了城镇体系规划工作座谈会，会议交流了各省（自治区）开展城镇体系规划的实践，讨论了规划司起草的《关于加强城镇体系规划工作的意见》。出席会议的有中科院地理所胡序威教授、中规院赵瑾副总规划师、规划司的老领导赵士修同志和严仲雄同志以及王景慧副司长，还有 15 个省（区）建设厅（建委）规划处领导[①]。这次会议之后，建设部出台了《关于加强省域城镇体系规划工作的通知》（建规〔1998〕108 号），要求各省（自治区）人民政府必须加强对省（自治区）域城市化与城镇发展的宏观调控，加强对城镇体系规划工作的领导，

① 会议返程途中，在济青高速公路上遭遇车祸，与我和王丽萍同车的赵士修、严仲雄、赵瑾、王景慧，以及昝龙亮等几位建设厅的领导都不同程度地受了伤。

抓紧开展省域城镇体系规划工作。文件强调要充分发挥省域城镇体系规划合理配置空间资源引导和协调空间发展的重要作用，协调解决各地方空间发展中出现的矛盾和问题，强调城市发展布局与区域基础设施建设和空间资源配置，加强对城市化与城市发展机制的分析，从解决实际问题出发，要把制定协调区域城市发展的各项政策作为规划的重点，把组织规划实施作为工作的中心。文件要求省域内区域性基础设施和其他关系全地区整体发展的项目，其选址和布局必须符合省域城镇体系规划；应定期对规划以及相关政策的实际效果作出评价，及时对规划和政策作出调整；城镇密集、城市与城市之间发展建设中问题比较突出的省（自治区），还应以省域城镇体系规划为指导，抓紧开展城镇密集地区的城市发展和布局规划，重点协调城市之间基础设施建设、土地、水资源的开发和合理利用以及生态环境保护等关系区域发展全局的问题。文件要求开展城镇体系规划要加强对城市化发展的研究，依据区域人口流动和分布的客观趋势，合理确定区域内城市和城镇的人口规模；要城乡统筹规划，加强对乡村城镇化的引导，避免"村村点火、户户冒烟"，保护耕地和生态敏感区；要确定省域空间全覆盖的空间管治分区和管治政策。淄博会议和会后出台的意见，明确了规划制定与一级政府履行引导城镇化健康发展事权的责任关系，对省域城镇体系规划的制定和实施工作产生了重要的推动作用。

1998年5月1日，时任总理温家宝签批了浙江省城镇体系规划，并批示"城镇体系规划的审查是一项十分重要的工作，建设部要切实负起责任。审查工作要实行领导与专家相结合，充分听取各方意见。要从中国国情和各地实际出发，统筹考虑城镇与乡村的协调发展，正确处理经济建设、社会发展、环境保护之间的关系，特别要注意控制人口和保护耕地。要有全局和长远观念，照顾地方特点，避免重复建设。请建设部根据《城市规划法》，抓紧制定审批的具体办法。"这一阶段的省域城镇体系规划的实践探索，为城镇体系规划纳入2000年的《城乡规划法》，构建“一级政府、一级事权、一本规划”的城乡规划空间体系奠定了实践基础。截至2018年，除甘肃省外，其余省、自治区都有经国务院批准的省域城镇体系规划。江苏、浙江、安徽等多个省区还以省域城镇体系规划为依据，制定了省域内重点都市区的城镇体系规划。

三、编制《全国城镇体系规划》

编制全国城镇体系规划是《城乡规划法》的基本要求。由于种种原因，2005年才正式启动全国城镇体系规划的编制。时任建设部部长的汪光焘同志在组织编制珠三角城镇群协调发展规划、京津冀城镇群协调发展规划和海峡西岸城镇群协调发展规划的同时，主持开展了全国城镇体系规划的编制。2007年1月，全国城镇体系规划成果正式上报国务院。国务院办公厅在征询部门意见时，国家发改委提出全国城镇体系规划要以“主体功能区规划”为依据，主体功能区规划未确定，全国城镇体系规划不能批准；国土资源部也提出，全国城镇体系规划必须以国土规划为依据。全国城镇体系规划最终未能取得国务院的审议。《城乡规划法》颁布至今，仍然未能有依法制定的全国城镇体系规划获得国务院批准，是我终生的遗憾。2012年，离开住建部到杭州规划局工作，很重要的原因是基于这份遗憾。

在城镇化发展的过程中，城镇体系（严谨的说法应该是“人类聚落”体系）是城镇化过程中人口与经济活动集聚、扩散的综合体现。引导城镇体系合理布局，目的是引导区域城镇化的健康发展。城镇体系规划并不是规划城镇体系，而是运用城镇体系研究的理论和方法，认识人口和经济活动空间分布演化的趋势和规律，引导生产空间、生活空间和生态空间的合理配置，引导基础设施建设的合理布局。最近我们在杭州组织乡村规划编制，也借用了城镇体系的分析方法，通过分析影响乡村地区人口分布的经济社会因素，首先对每一个村庄未来发展趋势做出判断，然后再分类研究具体的建设安排。同事们都说，用这样的“套路”做乡村规划，竟有豁然开朗的感觉。

综上，城镇体系规划，是我职业生涯里不解的情缘。

对新时代城乡规划的几点认识
——忆人生足迹 悟规划真知

俞滨洋

作者简介

1963年8月出生于辽宁省沈阳市，祖籍福建省福清市，2019年4月15日因病去世。曾任住房和城乡建设部科技与产业化发展中心（住房和城乡建设部住宅产业化促进中心）主任、中国城市规划学会区域规划和城市经济学术委员会副主任。东北师范大学人文地理学博士，研究员级高级城市规划师。历任黑龙江省城市规划勘测设计研究院院长兼总规划师、黑龙江省建设厅副厅长、哈尔滨市城（市）乡规划局局长、住房和城乡建设部稽查办公室副主任、住房和城乡建设部城乡规划司副司长等职。长期从事城乡规划设计研究和规划建设管理工作，主持编制城市和区域规划设计与研究百余项，曾荣获全国城市规划先进工作者、全国城市规划优秀科技工作者等荣誉称号。

今年是我国改革开放的40周年，也是我人生成长的关键性40年。40年来，我亲身经历、全身投入城乡规划工作，在老师、同学、同行身上学到很多宝贵的做人道理、做事本领。可以说，我人生中学习能力最强、精力最充沛的金色年华，是在城乡规划行业中度过的，因此也对城乡规划行业充满了感情。

一、忆地理到规划的足迹悟得：新时代城乡规划跨学科高度融合的空间任务更加艰巨

伴随改革的春风，怀着立志报国的梦想，我在1980年顺利考入

东北师范大学地理系经济地理学与城乡区域规划专业学习，有幸与地理、规划两个学科结下人生成长之缘，进而谱写了我丰富多彩的人生足迹。由于地理院系设置的规划专业的局限性，导致我的知识体系以经济地理学理论体系为主，擅长运用经济地理学的相关理论知识进行区域分析和区域规划，折射到具体规划实践以城镇体系规划为主。1984 年我顺利毕业分配到黑龙江省城市规划勘测设计研究院工作，主持编制研究完成了《黑龙江省国土整治规划城镇布局规划(1984 ~ 1985 年）》《黑龙江省城镇体系规划(1995 年、2000 年)》《黑龙江省土地利用总体规划建设用地专项规划(1997 年)》《黑龙江省设市预测规划(1995 年)》《哈尔滨城市总体规划(2011 ~ 2020 年)》、大庆城市总体规划与黑河、绥芬河、抚远等边境口岸城市总体规划以及哈尔滨城市总体城市设计、哈尔滨科技创新城城市设计等城市和区域规划设计研究百余项。近几年参与组织编制完成了《京津冀城乡规划(2015 ~ 2030 年)》《长三角城市群发展规划（2015 年）》《成渝城市群发展规划（2015 年）》《哈长城市群发展规划（2015 年）》《北部湾城市群发展规划（2016 年）》。

从 4 年的专业学习到 34 年的规划实践，作为我国城乡规划一线的规划老兵，我深刻领悟到当时在大学里徐效坡老师传授的真谛：地理学尤其是城乡规划学科难在综合、贵在协作！正如徐老师所言，城乡规划是一门跨学科高度综合的空间任务，地理学在城乡规划工作中能发挥很大的作用。运用经济地理学的城市和区域规划理论和方法，解决城市宏观、中观和微观问题都有不可替代的作用和很高价值，尤其是在打破千城一面，突出城市特色上十分有效，比如对黑龙江省城镇化与人居环境可持续发展的研究成果，应突出资源、边都、寒地的特色，构建以哈大齐城市群为重心的点轴群带空间体系，面向全国走向世界！对哈尔滨可持续发展的系列研究成果不断地被采纳和验证：国际冰雪文化名城，冰城夏都，中国对北美航空大都市，哈尔滨科技创新城，哈尔滨都市圈。

“规划一盘棋”是对城乡规划综合性特点的高度概括，“多规合一或融合”是对城乡规划跨学科特点的直接诠释。当前，国家空间格局变迁处于关键拐点时期，国家空间治理体系处于转型变革时期，国家空间规划类型处于整合创新时期，构建适应生态文明建设、促进“五位一体”战略实施的国家空间规划新体系，具有重大长远的战略意义。其目标任务是让国家空间格局结构高效、功能完善、交通畅通、环境优美、形象独特，使之具有世界竞争力和可持续能力。因此，新时代城乡规划更加强调跨学科的综合和协同，应坚持面向世界竞争的功能体系、面向未来可持续发展的安全格局、面向实际国情的规划体制三个基本原则，形成“发展战略＋空间管控＋实施引导”内容框架、“定性、定量、定位、定形、定景、定界、定线、定施、定项（目）”九定方面的技术内容体系。“三面九定”技术体系的领悟正是我从事规划工作一生对城乡规划跨学科融合的实践总结，也是对徐老师谆谆教导的具体落实和表达。

二、忆技术到管理的足迹悟得：新时代城乡规划上承战略、下接地气的公共空间政策转换任重道远

自从1984年毕业分配到黑龙江省城市规划勘测设计研究院担任规划一室技术员开始，到2000年8月被提拔担任黑龙江省建设厅副厅长，我一直在城乡规划技术单位一线做设计和研究工作。在这16年期间，我共主持和参与大大小小项目百余项，涉及类型囊括城镇体系规划、城镇群规划、城市总体规划、城市控制性详细规划、城市修建性详细规划、城市设计、景观设计、生态规划、环境保护规划、产业发展规划、设市规划、市政规划、防灾规划等。2000年8月之后开始从一线技术人员转换为一线管理人员，先后在省建设厅、省会城市规划局、住房和城乡建设部稽查办、规划司、科技住宅中心等五

个不同的管理岗位工作。在这 18 年期间，我先后涉及的管理领域有城市规划、项目审批、规划督察、区域规划、名城保护、城市设计、行业管理、绿色建筑、规划审批等。为了让规划更具有可操作性，让技术性管理更具有公共政策性，我在哈尔滨规划局开展了领导重视好案例、服务民生好案例、国际合作好案例、宣传好案例、创新好案例、协作好案例、策划好案例、借鉴好案例、名城保护好案例、廉政好案例、公共参与好案例、变废为宝好案例、研究课题好案例、正面典型好案例、反面教训好案例等各种类型活动，我的初衷是让城乡规划技术成果能够真正成为上承国家战略、下接人民地气的公共空间政策。城乡规划技术不是专业理想的落实，城乡规划管理更不是管理权力的施展，城乡规划应从知识宣传抓起，从公众意识抓起，从全民参与抓起。

从 16 年的技术业务经历到 18 年的管理工作经历，我深刻体会到城乡规划是上承国家战略、下接人民地气的公共空间政策。“人民城市为人民”的核心是城乡规划要充分体现以人为本，实质是要充分考虑城乡社会各阶层尤其是弱势群体的生存和发展空间，要充分尊重生态安全的发展格局，要充分重视城乡空间资源对生产、生活和生态空间的合理配置，最终目标是提高城乡发展的宜居性、持续性、包容性。譬如，我在哈尔滨规划局任局长时，亲自主抓了哈尔滨群力新区建设规划的全过程，当时我的宗旨就是以人为本，科学规划！群力新区原属城乡接合部，占地面积 1363 公顷，城市垃圾填埋场和大量小工厂、养殖场占据其中，8000 多户居民住在 20 世纪五六十年代自建的房屋中，无上水、下水、燃气、供热，无城市市政道路，环境污染严重，生活条件恶劣。按照“对垃圾无害化处理、恢复绿化生态系统、建设宜居环境”的思路，坚持“政府主导、专业规划、公众参与、综合治理”的原则，经过 5 年来的多方努力，使群力新区焕发了活力，展现出宜居新城的迷人风采。为此，创新适应包容性发展管治的、保障人民切身利益、关系城市长远发展的城乡规划技术体系、管理体系、法治体系迫在眉睫！譬如在空间布局方面要以留好市民公共空间、留住城市历史文化空间、留足生态安全空间为基本底线，构建“生产、生活、生态”空间合理布局的技术方法体系；规划组织方面要强调官、产、学、研、管、民的共同参与，健全适应“人民城市为人民”的依法决策的体制机制；规划内容方面要借鉴成功经验开展城市设计，进行城市双修，加大“四增四减”力度，即增加开放空间、增加绿化、增加现代服务设施、增加人的宜居舒适度；减少过度开发强度、减少交通堵塞、减少环境污染、减少低水平重复建设，充分体现绿色城市发展模式。

另一方面，我深刻体会到城乡规划要突出严谨规划、严格实施、严肃监督的“三严”规划先行工作主线，实现向市场规制、公共政策转变。为更好贯彻党的十九大新时代发展理念和要求，城乡规划工作要从计划导向到市场规制转变，从规划技术到公共政策的转变，规划改革既要体现战略性和科学性，也要体现政策性尤其是合法性。具体阐述如下：一是由为经济发展服务的传统发展观，向以人为本，进一步向尊重人、自然、历史文化、法治，为城乡居民更好生活和就业提供优质环境的科学发展观转变。二是由市场经济对资源配置起基础作用向起决定作用转变，进一步由粗放向集约、由庞大专业技术向配套实用技术和公共政策转变。三是由就城市论城市、就乡村论乡村向构筑城乡空间一流的公共服务、基础设施、交通网络、生态环境、特色风貌体系转变，构建绿色生态、功能联动、资源共享的城乡一体化。四是由主城区物质空间规划向不断增加科技、文化、法制、智慧、绿色、人文、幸福、健康含量的覆盖城乡的全域规划、政策规划转变。五是由定性为主的传统规划向面向复杂系统以大数据为依据的规划分析、预测目标、实施评估、适时调整全过程的定性与定量综合集成规划转变。六是由住建部门主导的专业规划向政府主导、住建部门牵头管帮结合、加强监督、相关部门积极配合、专家咨询、公众参与的综合性权威规划转变。

三、忆宏观到微观的足迹悟得：新时代城乡规划更要以高质量的生态文明建设为宗旨

在 34 年的规划事业中，我的人生轨迹还有从宏观领域到微观领域的独特成长足迹，恰好这一经历丰富了我对城乡规划的深刻领悟和认知。在技术成长经历中，由于出身经济地理专业，分配到规划设计单位后首当其冲的工作是承担城镇体系规划任务。随着对规划市场的深度开拓，我开始鼓足勇气尝试用平时积累的规划知识做城市总体规划、城市详细规划、城市设计等微观层面的规划工作。在管理岗位经历中，我也是从管理省级城乡规划的宏观政策业务开始，2000 年调任管理省会城市市级城乡规划业务，2013 年调任住房和城乡建设部管理规划督察、历史名城保护、城市设计、绿色建筑等偏微观的工作。

对于我来说，宏观到微观的技术和管理的工作经历是我人生成长的幸运和财富，也是我深度领悟城乡规划博大精深、无穷奥妙的轨迹场所。城乡规划之所以能够蓬勃发展，焕发勃勃生机，其关键所在是城乡规划追求的是高质量发展、高品质生活、高水平保障，时时刻刻以人为本、以人民为中心，把公共利益、国家利益、区域利益的底线保障和管控约束作为城乡规划的重点。另一方面城乡规划充分体现包容性，十分尊重自然本底、尊重历史文脉、尊重法治力度、尊重人的多样化需求，认识、顺应和尊重城市发展的自然过程和规律，将环境容量和城市综合承载力作为基本依据，切实践行创新、绿色、协调、共享、开放理念，提高城乡规划科学性和可实施性。“四个尊重”的认识体系是我在规划人生轨迹中逐渐形成的，尤其在哈尔滨历史文化保护建设规划管理期间我正担任哈尔滨规划局局长，当时既肩负着对老旧历史街区的环境整治任务，更肩负着 500 万市民对历史文化文脉

保护的重任。我按照“四个尊重”的原则探索哈尔滨历史文化名城保护规划管理工作的新途径。一是在技术审核方面面向实际，尊重历史，传承文脉，如圣索非亚教堂、哈尔滨一中、依都锦商厦等几十处。二是在规划实施方面面向未来，立法把关，尊重法威。我当时不断向市政府建议健全保护建筑保护街区管理法规，确保历史文化名城保护工作依法推进。1997年哈尔滨市政府批准实施了《哈尔滨市保护建筑街道街坊和地区管理办法》《关于加强保护建筑街坊街道和地区管理的决议》等十余项法规并颁布实施。

党的十八大以来党中央确定了“五位一体”总体布局、协调推进“四个全面”战略布局、树立“十三五规划”五个新的发展理念，全力推进全面建设小康社会进程，不断把实现“两个一百年”奋斗目标推向前进，尤其是中央城市工作会议强调“一个尊重”“五个统筹”，规划建设好美丽幸福家园，为我们搞好新时期城市规划工作进一步指明了方向！当前重规模、轻生态的“扩容”型规划体制亟待变革。实际上当前的理念不落后，但如何具体落实始终存在问题。这方面我的体会比较深，之前从事规划编制、规划管理、规划督察，最近又进入到规划实施的岗位。事实上，“绿色的转型”是亟待落实的中央精神，应该说也是习近平总书记城市工作思想的具体要求，且部署是非常系统的。习总书记不仅仅是在首都，而且还在很多重点城市谈及，我们需要认真思考回应。我个人认为从原始文明人们追求天然美，到工业文明追求形式美、追求经济效益，再进入到生态文明，人们追求人地和谐美、人与自然空间共融共生，建设绿色、创新、智慧引领的高质量绿色城市应是未来城乡规划工作的主导方向。现在绿色建筑的升级版，不仅要“四节一环保”（节能、节地、节材、节水、环保），还要增加安全耐久、健康宜居、绿色节能、智能感知、实用经济和文化美观。这样扩展到城市再回到乡村，才是美丽建筑、美丽城市、美丽中国。因此，我认为新时代城乡规划是以高质量发展为核心的生态文明调控手段，也是国民经济和社会发展绿色生态调控的重要手段。

首先，绿色文化统领新型城镇空间规划和建设，应该是“十三五”乃至到2049年，落实国家生态文明战略、实现美丽中国的核心抓手，要从全局性角度去构建可操作的关键指标体系！从绿色产业、宜居空间、生态节能、创新发展、协调共享构建定性和定量相结合的指标体系和实施保障体系。每年开展绿色城市评比，然后与建设用地面积和建筑面积等供给挂钩，采用奖优罚劣并重的方法管理，这样有利于推动生态文明和美丽中国建设。还有绿色建筑、绿色技术、绿色材料、绿色城市基础设施、生态园林城市、中新天津生态城、绿色生态新城区试点、与绿色GDP挂钩等，以及绿色交通、绿色城市治理，可以说是绿色城镇化建设，“绿色”应是今后城乡规划的灵魂和主旋律，这一切都是尊重绿色规律。

其次，城镇建设从“绿壳”到“绿芯”再到“绿魂”，是生态文化贯穿“五位一体”建设布局全过程中，先布绿色大棋盘，再下好绿色棋，绿色格局结构佳、功能好、交通畅、环境优、形象美、品质高……这个时代是个绿色大舞台，可以唱响绿色文化大戏，产出绿色文化大效益，这值得深入研究和探索，即规划打造安居乐业之绿色幸福家园，这个目标（还有指标、坐标、风貌、责任）应该是深入贯彻落实中央城市工作会议，尤其是党的十八大以来习总书记系列重要讲话精神的重要抓手。城市规划应尊重、保护好祖国名山大川、青山绿水和神州大地山水格局中万绿丛中点点红的历史文化遗产，使城乡规划建设呈现显山露水、透绿见蓝的态势！

第三，今后城市建设的重点不仅在于规划建设单一的非农业产业聚集地，促进经济增长，而且也在于推动生态文明建设、人文社会建设，以人为本，辟建适于人居、适于创业、适于人的全面发展，与城市所在的自然山水地理格局和历史文化遗产相敬相容，结构布局合理，“功能好、交通畅、环境优、形象美”的综合性的人性化载体空间。

作为国家健全治理体系和提升治理能力不可或缺的关键调控手段，城乡规划“三分规划七分实施管理”是否能够“管用合法有效”特别关键。促进城乡规划转型升级，不断增加科学性、可操作性和实效性，使市民和游客在新型城市安居乐业中更安全、更方便、更舒适、更幸福、更快乐、更自豪、更美好……其理论和现实意义特别重大。

迈入城乡规划行业是我一生的荣幸，在这里我受到同仁的深刻启发和行业的艰苦磨炼，在丰富的工作实践中不断增长知识和才干，体会到了当年老师“难在综合、贵在协作”的真谛，体会到了社会同仁相互学习、勇于担当的精神，获得了兢兢业业做事和踏踏实实做人的宝贵经验！38年的城乡规划记忆丰富而美好，厚重而欣慰，快乐而荣幸。38年的城乡规划认知零零散散，既有深刻的规律领悟，也有不少的遗憾教训；要沟通交流的真知很多，要破解研究的难题不少。以上认知仅仅是我规划人生感悟的一部分，也是我从人生规划实践视角透视认知新时代城乡规划未来发展方向和价值取向。长江后浪推前浪，一代更比一代强！面对新时代两个一百年中国梦的空前机遇，在党的十九大新精神的指导下，我相信我国的城乡规划事业会不断走向新的辉煌。

区域规划知与行
——在规划实践中学习与成长

王凯

作者简介

1963 年 11 月出生，河北唐山人。1986 年同济大学毕业后进入中国城市规划设计研究院。历任中国城市规划设计研究院规划所副所长、区域所所长、城乡规划研究室主任、副总规划师、总规划师等职，现任该院院长。教授级高级城市规划师，工学博士，住房和城乡建设部城镇化专家委员会委员，国家开发银行专家组成员，中国城市规划学会常务理事，中国城市规划学会区域学委会主任委员，中国人民大学兼职教授、博士生导师，英国卡迪夫大学兼职教授。

如果从源头说起我对区域规划的认识，还要从大学说起。20 世纪 80 年代初同济大学城市规划专业的高年级课程里，有一门课就是《区域规划》，授课老师是陈亦清先生。当时我们头脑中满是建筑空间和城市结构，区域规划对我来讲，只是个概念。自己真正对区域规划有所体会是在 1985 年冬天沈阳总体规划的课程实习。记得那时候我们有两项实习任务，一项是沈阳城市总体规划，一项是铁西区分区规划。沈阳总体规划实习内容是各小组进行方案比选，我所在的小组是从区域角度考虑城市布局，如沈阳机场的选址就需考虑与周边城市共同使用。记得方案讨论时，董鉴泓先生从上海赶来对方案进行点评，我代表区域视角的小组汇报了方案，董先生给予了充分肯定，这给我留下了深刻印象。1986 年到中规院工作以后，我先后参加了海口总体规划、秦皇岛总体规划等宏观类设计项目，工作中或多或少地用了区域规划的一些知识，但真正和区域规划、区域研究结缘还是在 2000 年以后。

一、奉命组建区域所，开展三个城市的空间战略研究

2000年，我从规划所副所长调任经济所任所长。经济所是个老所，在中规院“文革”后恢复建院时就设立了。邹德慈、刘德涵、李兵弟、李晓江等前辈、学长都曾在所里工作过，刘仁根、赵洪才、张文奇几位老大哥是我的前任。2000年前后正值我国社会主义市场经济蓬勃发展之时，地方政府对规划设计需求量很大，但对承接项目单位的职能定位又很在意，经济所这个名字，经常给地方政府造成是做经济规划的误会，不利于承接规划设计任务。针对这种情况，我向当时的院领导提出把经济所的名字改为城市与区域规划所，以应对规划设计市场的压力。院里随即同意，并正式下文成立城市与区域规划所，简称区域所，我也就成了中规院区域所的首任所长。也许是机缘巧合，我之后许多年的工作，都和区域规划的实践和理论密切相关。

区域所成立不久（2001年初至2002年底），我就牵头组织宁波、杭州、厦门三个副省级城市的空间发展战略规划[1]。其时，发端于广州的城市空间发展战略刚刚完成，引起了地方政府和业界的高度重视，多个大城市纷纷仿效。2001年初，在主管生产的副院长李晓江先生的推动下，我们首先在宁波开展工作。当时杭州湾跨海大桥即将开工建设，我们从区域角度分析认为会对城市空间结构产业重要影响，宁波市域西部的余姚、慈溪将迎来新的发展机遇，市域空间结构也将从单中心向双中心转化。团队研究成员、清华大学武廷海博士认为，宁波的发展动力将从传统的工业化驱动转向工业化、城镇化“双轮驱动”模式。团队研究成员、香港大学王缉宪博士对宁波港这一特殊资源，从全球航运发展趋势进行了分析。他提出随着货轮不断大型化，船舶的吃水深度仍将继续加大，港口的发展越来越依托深海岸线资源，港城的适度分离难以避免。这些有见地的研究成果，都被我们很好地纳入宁波空间发展战略。宁波空间发展战略在全市上下引起强

烈反响，我还代表项目组在市委中心组学习会上向全市干部宣贯。之后不久，市政府专门成立“余慈办”促进城市西部地区的发展。后来杭州湾新区蓬勃发展，近年来前湾新区方兴未艾，都部分印证了20年前宁波空间战略研究所具有的前瞻性。此后，我又主持了2009年启动的第二轮宁波发展战略（宁波2030）、2017年启动的第三轮发展战略（宁波2049），个人和宁波结下不解之缘，与城市和当地规划同行结下深厚友情。

宁波战略之后不久，应杭州市政府的委托，我们又开展了杭州城市发展战略研究。区域研究视角，对我们认识杭州不无裨益。如我们建议杭州中心城区应该向东部九堡地区拓展，钱塘江江面过宽不宜“一江两岸”布局等。尽管这些建议当时没有得到采纳，但我至今认为是正确的。2018年前后，杭州市委市政府提出钱塘江两岸以生态为带发展，在某种程度上印证了我们当年的判断。随后的厦门城市空间发展战略，我们再次从厦（门）漳（州）泉（州）区域分析角度出发，提出了厦门应该跳出本岛，发展海沧、杏林等地区的建议。尽管海沧受各种因素影响始终未能成为厦门发展的重点，但从历史的角度看，坚持以区域的视角对厦门的未来进行判断是有益的。2010年我们又在漳州开展了城市概念规划，从厦漳泉一体化来认识和判断漳州，对漳州的规划起到了重要作用。

二、组建研究中心，开展北京总规和全国城镇体系规划

2002年底我赴英国卡迪夫大学访学一年，2003年底回来后，院里任命我为副总规划师兼新组建的城乡规划研究室主任，开启了工作新历程。出国之前，我在一次偶然的机会里和时任北京市规划局总体处处长的温宗勇谈及我们开展的城市发展战略规划，还请他看了一些规划图件。他很感兴趣并向时任规划局局长的单霁翔先生作了汇报。在单霁翔的推动下，北京市不久之后就开展城市发展战略研究，但我

因去英国遗憾错过。庆幸的是，战略研究之后不久，时任国务院主要领导要求北京市据此开展北京城市总体规划修编工作。受院里委派，我跨所组织了一个团队代表中规院参加了由中规院、北规院、清华大学三家共同编制的北京城市总体规划（2005 ~ 2020 年）工作。按北规委工作计划，中规院负责纲要阶段的起草工作。

首都的规划涉及诸多重大问题，其中城市发展方向是各方关注的重点。项目组在前期战略研究的基础上，认真学习了吴良镛先生的“大北京研究”第一期报告，分析了国际上特大城市的发展规律，认为“多中心、网络化”是新时期特大城市的发展规律，而不应是“梁陈方案”的简单再现[2]。我们还明确提出北京要面向京津冀建立开放的空间结构并聚焦城市东部地区（通州、顺义、亦庄），形成和天津互动的区域空间结构，并建议首都第二机场位于城市南部或东南部，服务整个区域[3]。北京总体规划成果由于在理念、方法和组织方式上有诸多创新，获得了比较好的社会反响，特别是推动了全社会对京津冀实现协同发展的共识。就我个人而言，也再次体会了城市和区域发展的互动关系，在这之后持续关注京津冀地区的发展。至于十年后牵头“京津冀城乡规划”和参加北京副中心、通州—北三县协同发展规划等项工作则是后话了。

2005 年，作为“保持共产党员先进性教育”的整改工作，建设部决定开展“全国城镇体系规划（2005 ~ 2020 年）”编制工作。时任建设部部长汪光焘先生高度重视，多次组织会议讨论工作方案和技术内容，并在后期广泛征求了全国 27 个省、4 个直辖市的意见，征求了经济、社会、规划、地理等各界专家的意见，走完了部级联席会的审查程序，但因各种原因未能正式批复。但回过头来看，这是一次珍贵的、全面系统分析中国城镇化进程和各类城市发展的重要规划。之后多年，规划提出的“多元、多极、网络化”空间结构图被无数次引用，“国家中心城市”这一概念被多方热炒，全国尺度的人居环境条件分析（承载力研究）、节约集约的城市土地利用策略、分省发展指引等多项技术创新对新时期的城市健康发展起到了积极作用。

回溯这段历史，有几点技术上的收获再赘述一下[4]：

一是以健康城镇化为目标，提出积极稳妥的城镇化战略。研究认为我国地域辽阔，自然地理条件差异很大，存在不同的城镇发展适宜程度。尽管我国有960万平方公里的陆域国土面积，但适宜城镇建设的国土面积仅占19%，其中还有一半以上是耕地，真正可用于城镇建设的用地不到9%，这是我国人居环境建设的基础。这一结论是首次提出的，为我国走集约、节约的城镇化道路奠定了基础，也为发展城镇群（工作中曾就概念多方争执）提供了依据。规划预计2010年城镇化率为46%～48%，2020年城镇化率为56%～58%。

二是提出立足东中西的多样化城镇化政策。规划从我国地域辽阔、发展不平衡的国情出发，根据各地经济社会发展水平、区位特点、资源禀赋和环境基础，依据“十一五”规划提出的国家区域发展总体战略，首次分别提出东部、中部、西部和东北地区的城镇发展政策，旨在引导各地区因地制宜地确定城镇化战略和城镇发展模式。规划根据国家区域发展的政策分区，分别提出东部、中部、西部和东北四大地区的城镇化空间策略。如东部地区指引为：提升城镇化质量，加快京津冀、长江三角洲、珠江三角洲城镇群的资源整合，提高参与国际竞争的能力；引导产业和人口向大城市周边的中小城市、小城镇转移，形成网络状城镇空间体系；坚持生态环境优先发展原则，抑制水环境恶化的趋势等。这一政策指引方式也是首次提出，对不同地区走不同的城镇化道路起到指导作用。

三是建构多元、多极、网络化的城镇空间结构。全国城镇空间结构是规划的另一个重点。规划提出以城镇群为核心，以重要的中心城市为节点，以促进区域协作的主要联系通道为骨架构筑“多元、多极、网络化”的城镇空间格局。“多元”是指不同资源条件、不同发展阶段的区域，要因地制宜地制定城镇空间组织方式和发展模式。“多极”是指依托不同类型、不同层次的城镇群和中心城市，带动不同区域发展。“网络化”是指依托交通通道，形成中心城市之间、城镇之间、城乡之间紧密联系、优势互补、要素自由流动的格局。那张“城镇发展空间结构图”后来被全国各地的项目广泛引用，被许多同行笑称“如果收版权费，这张图肯定高居榜首”。

四是建立以交通为核心的城镇发展支撑体系。规划以综合交通规划为核心构筑城镇发展的支撑体系。在综合分析全国公路网、高速公路网、铁路网、客运专线网规划的基础上，结合城镇发展的需要提出综合交通发展战略。重点是建立全国综合交通枢纽体系，加强各种交通方式之间的衔接，促进城市与区域交通的有机结合。规划划定了7个交通分区，提出了北京—天津、上海、武汉、西安、成都—重庆、沈阳、郑州、兰州、广州—深圳—香港全国9大综合交通枢纽城市，提出要建立与我国环境、资源条件相适应的安全、高效、绿色的综合交通系统等内容。国家级交通枢纽城市是首次提出，事实证明一些思路开阔、反应快的城市，如郑州，就抓住了这一机会，通过建设空港，加强与铁路、公路等运输条件的结合，促进了城市的大发展。

五是加强对土地、水等资源的节约利用。规划提出要在充分发挥地方各级政府城乡规划职能作用的基础上，立足中央政府事权，着重加强对关系国家整体发展的重要地区和战略性资源的调控，特别是土地资源和水资源的调控。规划结合我国耕地资源的数量和空间分布分析，提出规划期内城镇建设用地增长速度由年均6.6%控制到3%以下，切实落实国家耕地保护战略目标。优化城镇空间布局，倡导紧凑集约、多样化发展。在水资源的利用上，规划明确提出不赞成大规模跨区域调水，城镇生活与生产用水要立足区域水资源，并通过节水来实现节约发展。

六是加强对跨区域城镇发展和省域城镇体系规划的引导。规划根据全国城镇空间布局的总体要求，提出了两类空间的指引。一是“重点发展与管理的城市和地区”，主要是国家级城镇发展主轴线上的地区和城市。二是“跨省域重点协调地区”，主要包括流域、海岸带及近海海域、省区交界地、城镇群地区等。如流域协调地区主要包括长江、黄河、珠江、淮河等流域以及太湖、洞庭湖、鄱阳湖等周边地区，要求制定水资源和流域地区综合开发规划，合理布局工业和城镇，建立下游地区对上游地区的转移支付机制。如海岸带地区沿岸线纵深15 ~ 20公里及海洋等深线负15米的范围，要统一规划与分配海岸线资源，处理好海洋资源开发和保护的关系。按照一级政府一级事权的原则，规划依据国家城镇化发展总体战略，针对各省特点，分别对27个省区和4个直辖市提出了“省域城镇发展规划指引”。

作为该项目的执行负责人，我参与了规划的全过程，历时两年的工作收获是全方位的，并为我以后的城镇化研究打下了坚实的基础。之后的一些年，我又先后参与了辽宁沿海经济带规划、江西省城镇体系规划、新疆城镇体系规划等省域层面的规划研究，2014年京津冀协同发展作为国家重大战略提出之后，又奉命组织京津冀三地的规划院，开展了《京津冀城乡规划（2014 ~ 2030年）》。现在回想，全国城镇体系规划给我的最大启发就是区域观，也让我切身体会到，作为一个职业规划师必须具备区域视野，对芒福德的“好的城市规划是区域规划”的论述有了更深刻的体会。

在区域规划的理论研究方面，我先后组织参加了国家“十一五”“十二五”两个五年的科技部重大科技支撑项目研究，“十一五”是城镇化主题，“十二五”是城市群主题，先后出版了《中国城镇化的速度与质量》《中国城市群的类型和布局》等著作。2012起还参加了由徐匡迪院士牵头的中国工程院重大咨询项目“中国特色新型城镇化发展战略研究”，并作为课题一“中国城镇化道路的回顾与质量评析研究”的执行负责人。该研究对我国现有的城镇化特征做了新的概括[5]，如中国城镇化是大国城镇化，我国人口众多，资源紧张，区域发展不平衡；是“候鸟式”城镇化，中国农民工作为特殊的两栖群体不可持续；是政府主导下的城镇化，政策对城镇化影响巨大；是“三农”问题高度敏感背景下的城镇化，探索中国农业的现代化之路，是中国城镇化进程中必须解决的问题；是多方矛盾复杂交织的城镇化，中国城镇化与工业化、信息化及农业现代化相伴发展，互为影响和制约等。对三十多年城镇化的得失也高度凝练为“两高、两低”，即高的发展速度、高的经济成效，低的初级成本、低的发展质量。认为这既是过去城镇化发展取得巨大成就的秘诀，也是未来中国城镇化发展模式调整和转换不可回避的矛盾。在未来城镇化的战略取向上，研究鲜明地提出要以生态文明理念推进新型城镇化，以发展方式转型推动城镇化健康发展，在城镇化进程中建立新型城乡关系，走因地制宜的特色城镇化道路。该项研究影响深远，对 2013 年召开的中央城镇化工作会议起到了积极的促进作用。

近年来结合国家城镇化的发展新趋势，对我国城镇化率 60% 以后的发展趋势、都市圈的地位与作用等方面也做了一些研究。光阴荏苒，自从 2000 年跨进区域所的大门，就一脚迈入了区域规划这一宏大的领域，由于自己不是经济学和地理学的背景，自知学理基础薄弱，一直坚持干中学、学中干，理论和实践的结合让我获益良多，也坚定了在实践中不断加深认识、提高水平的信心。

三、参加区域学委会，服务区域规划学术交流 20 年

就在我 2000 年接任经济所（后来的区域所）所长的同时，时任副院长的刘仁根同志，也是经济所的老所长找我谈话，提出由我接任他担任多年的中国城市规划学会区域规划与城市经济学术委员会秘书长，自此开启了我与区域学委会长达 20 年的结缘历程。我与区域规划学委会原来没有交集，和许多区域规划的前辈大多是一面之交，

担任秘书长后又赶上学委会换届，我主动拜访多位老委员，听取他们意见，在 2001 年 11 月召开了新一届学委会会议。我查看了当时的会议记录，记录生动和反映了老一辈学人认真严谨的工作作风。如在预备会时，胡序威先生提出新一届委员的构成以搞好工作为原则，不宜简单地在每个省搞平衡。他还建议以城镇体系规划、都市区以及区域规划的主要概念作为那次会议的讨论重点。之后多年，区域学委会对概念的讨论一直是个重点。在那次会议上，北京大学周一星先生介绍了济宁—曲阜都市区战略发展规划，就一体化的含义、关键（找到一个推进一体化的操作机制）以及 11 个基础设施一体化内容作了深入解析。张京祥和我分别介绍了杭州、宁波空间发展战略，魏清泉先生介绍了珠三角城市群规划、姚士谋先生讲了中国都市区规划研究，回过头来看，内容十分前沿。在工作讨论时，夏宗玕先生说，区域规划学委会是 1978 年城市规划学会开展工作后最早成立的组织之一，专家成员的素质很高。区域工作的难度在于长期性、战略性和地区性。区域规划的历史经验要正反两方面来看，提出“三分规划七分研究”和“三分规划七分管理”。那届学委会选举周一星先生为新一届学委会主任，他在总结发言时强调，省域城镇体系规划的成果为区域规划的开展树立了信心，都市区的规划为区域规划带来了活力。并建议规划法应该维护区域规划的地位，再次强调名词概念的重要性。

之后的很多年里，区域学委会先后在哈尔滨、南京、杭州、北京、深圳等城市开展学术交流活动，涉及城市群、都市圈、城镇体系等类型规划，涉及京津冀、长三角、珠三角以及不同地区的发展规划，也在不同的场合坚持对名词概念的研讨，这既是区域学委会学术严谨的体现，也反映了时下的混乱。在区域学委会 20 年的工作中，我学到最多的还是前辈学人的严谨、求实的工作态度。特别是 2019 年初在深圳召开的年会上，胡序威、崔功豪、许学强、周一星、姚士谋、顾文选、樊杰、周伟林等前辈和老师纵论区域规划的历史和未来，分析我国城镇化的发展趋势，让我倍感前辈学人的对国家、对事业的满腔热忱。2019年底我有幸被推举为区域学委会的第四任主任委员，在胡序威、周一星、樊杰三位老主任作出杰出贡献的基础上，我只能加倍努力，继续做好服务，回报前辈们开创的宏伟事业，为中国的城镇化健康、可持续发展贡献自己的力量。

参考文献

[1] 王凯. 从广州到杭州：战略规划浮出水面[J]. 城市规划，2002（6）.

[2] 王凯. 从“梁陈方案”到“两轴两带多中心”[J]. 北京规划建设，2005（1）.

[3] 王凯. 北京模式——新一轮北京总规修编的背景、内容与技术特点[J]. 城市规划，2005（4）.

[4] 王凯. 全国城镇体系规划的历史与现实[J]. 城市规划，2007（10）.

[5] 徐匡迪. 中国特色新型城镇化发展战略研究（第一卷）[M]. 北京：中国建筑工业出版社，2013.

[6] 住房和城乡建设部城乡规划司，中国城市规划设计研究院编. 全国城镇体系规划（2006 ~ 2020）[M]. 北京：商务印书馆，2010.

后 记

在中国城市规划设计研究院的资助下，在中国城市规划学会的指导下，《风雨华章路——四十年区域规划的探索》终于付梓出版。中国城市规划学会区域规划与城市经济学术委员会（以下简称区域学委会）、中国城市规划设计研究院区域规划研究所承担了文集的组织和协调工作。区域学委会主任委员、中国城市规划设计研究院院长王凯担任主编，区域学委会秘书长、中国城市规划设计研究院区域研究所副所长陈明博士担任执行主编并负责专家联络和统稿工作，《国际城市规划》杂志副主编孙志涛女士、编辑部编辑张祎娴女士、许玫女士、王枫女士、秦潇雨女士对专家文章进行了认真编辑和整理。中国城市规划设计研究院信息中心胡文娜女士负责采访并帮助整理赵士修的回忆文章，中国城市规划设计研究院硕士生周凌峰负责采访并整理刘仁根的回忆文章，中国建筑工业出版社编辑石枫华博士、兰丽婷女士等对文集进行了精心的编辑加工。在此对大家付出的辛勤工作表示衷心的感谢。在文集出版过程中，文集作者、区域学委会原副主任委员俞滨洋同志和顾文选同志不幸逝世，在此表示深切怀念。

限于编者水平有限和时间仓促，文集一定存在着不足和缺憾之处，还请广大的读者和同行批评指正。

编者

2020 年 6 月